你所付出的一切，岁月都会还给你

《读者》杂志社 编

時代文藝出版社

图书在版编目（CIP）数据

你所付出的一切，岁月都会还给你 / 《读者》杂志社编. 一长春：时代文艺出版社，2016.12

ISBN 978-7-5387-5326-4

Ⅰ. ①你… Ⅱ. ①读… Ⅲ. ①成功心理－通俗读物 Ⅳ. ①B848.4-49

中国版本图书馆CIP数据核字（2016）第270251号

出 品 人　陈　琛
产品总监　郭力家
出版监制　刘　峰
产品经理　姚　琛
责任编辑　付　娜
装帧设计　荆棘设计
排版制作　闻章天成

你所付出的一切，岁月都会还给你

《读者》杂志社 编

出版发行 / 时代文艺出版社
地址 / 长春市泰来街1825号　时代文艺出版社　邮编 / 130011
总编办 / 0431-86012927　发行部 / 0431-86012957　北京开发部 / 010-63108163
官方微博 / weibo.com / tlapress　天猫旗舰店 / sdwycbsgf.tmall.com
印刷 / 三河市万龙印装有限公司
开本 / 710mm × 1000mm　1 / 16　字数 / 178千字　印张 / 16
版次 / 2016年12月第1版　印次 / 2016年12月第1次印刷　定价 / 35.00元

图书如有印装错误　请寄回印厂调换

一个人经过不同程度的锻炼，就获得不同程度的修养、不同程度的效益。好比香料，捣得愈碎，磨得愈细，香得愈浓烈。

只要你懂得投资自己，让自己每个月都有点儿进步，你就会为自己感到骄傲，也会对未来充满信心。

人的承受能力，其实远远超过我们的想象，就像不到关键时刻，我们很少能认识到自己的潜力有多大。

梦想的存在，是对于没有梦想者的挑战与冒犯，所以做梦的人往往会遭到他人的质疑和反对。

当一个人把目光投向自身之外时，他就有可能改变很多人的命运，其中也包括他自己的。

即使我不断地遭遇挫折，也不灰心；即使我身心疲惫，哪怕是处于崩溃的边缘，也要正视人生。因为我知道，伟大的事业不可能一蹴而就，也不是凭一时的冲动就会有成就。

出身无法选择，贫困不是抱怨的借口，也不是沉沦的理由。

一个人的成功往往取决于三个因素：持续学习的能力、工作经验和人脉。

目录

你必须很努力，才能看起来毫不费力

世界刚虚晃一枪，
你别掉头就跑

两个错误加起来，
永远不能制造出一个正确

没有死路，
只是你还没有学会转弯

谁不是一边受伤，一边学会成长

别让别人的看法，挡住了你的光芒

你必须很努力，才能看起来毫不费力

都市的传奇

〔新〕尤金

彼德是成都一个为人津津乐道的传奇。

原名罗宗华的他，原是地地道道的四川农村小伙子，半句英语也不会，在他的字典里，根本没有“西餐”这个词儿。然而，在1996年，这个“人穷志不穷”的农村青年，到成都来寻求谋生的机会。在短短10年间，居然脱胎换骨变了一个人。如今，27岁的他，说一口流利的美式英语，在成都和北京开设了4家西餐馆，顾客80%是外国人。在外国人的圈子里，他的名气响当当。

初识彼德，发现他不属于那种一开口便长江大河滔滔不绝的类型，也不是那种谨慎拘束型，但他每说一句话都要三思。他以平常心说平常事，就好像和老朋友闲话家常一样，云淡风轻地说出了自己“一步一个脚印”的人生经历。

彼德出生于四川的一个小城资阳，那里离成都市大约有一百多公里。家里务农，他自小便帮父母干农活，下田耕地、砍柴做饭。他把变形的手指伸出来给我看，解释说：“瞧，这是砍猪草留下的永久性疤痕。当时，稍稍分神，那刀便直接砍在手指上，那种彻骨的痛啊，一生都忘不了！”

他的父母，日夜劳作，却依然还是村里最苦的穷户。彼德语带遗憾地说道：“他们不懒，可是欠缺智慧，又不肯努力向别人学习，每每到了稻谷成熟的季节，家家户户都兴高采烈地准备收成了，可我们家的稻谷却还在田地里无精打采地长着。我们每年都要到邻居家里去借粮。我和妹妹没鞋穿，整个夏天都光着脚丫子，衣服上永远缀满补丁，更糟的是，必须时常向人借钱交学费。最让我尴尬的一次经历是，在学校担任老师的姨妈亲口对我说：‘你如果再不交学费，明天就不必来学校了。’由于家里实在挤不出学费，我读到初一便辍学了。”

他很想脱离贫穷的困境，于是，努力学习编竹筐。当时，家人认定他只有三分钟热度，所以，冷淡地抱着观望的态度。然而，他咬紧牙关去学，努力认真地学，终于，如愿以偿地成了个小篾匠。

家里的收入大大增加了，于是全家人都加入到编竹筐的队伍里。

“编好的竹筐送去卖，卖光了，便得走一段长长的山路，买竹子来编。”彼德走进了时光隧道，不由得皱着眉头回忆道，“竹子很长，山路很弯，扛着竹子走，十分吃力，一不小心失去平衡，便会连人带竹子摔进山沟里，跌得头破血流！”

编竹筐太辛苦了，他不要一辈子当篾匠，于是，他尝试与父亲沟通，寻找其他的营生。然而，一次又一次尝试交心沟通的努力，换来的却是一次又一次毫不理解的打骂。

“我和父亲的关系不好，我很爱他，却无法接受他窝囊的行为和落伍的想法。村里人也瞧不起他。我把一切看在眼里，心里实在难受极了。”

16 岁那年，他和父亲经过又一次激烈的争吵之后，便决定离开农村，到城里谋生。他向邻居借了 20 元当路费，风尘仆仆地来到成都，自此掀开了他比戏剧还来得精彩的人生序曲。

那一年，是 1996 年。

他站在位于成都九眼桥的劳务市场，满怀憧憬，等人来雇。他的第一份工作是到一家小餐馆洗碗，从早上 7 点开始把手浸在洗碗水里，一直做到夜里 12 点才休息，十分辛苦。

1997 年，他转到一家小西餐馆去当厨工，这时，改变他整个人生的关键人物出现了。这个人，就是玛丽。玛丽是美国人，一连几天光顾彼德任职的这家西餐馆，但觉得食物很不地道。有感于旅居成都的外国人越来越多，心地宽厚的她，向西餐馆老板毛遂自荐，表示可以给厨师和员工进行免费的厨艺训练。彼德抢先报名，和餐馆另外两位厨师每天上玛丽家学习。

彼德学做的第一道西式点心是苹果派。他从学做苹果派得到的最大心得便是：“凡事都得认真，丝毫马虎不得。从原料的选择到烘焙的温度，都得小心应付，一招不慎，全盘皆输。”

“做苹果派，青苹果是首选。如果选用红苹果，就必须调入柠檬汁。苹果派皮的制作，十分繁复。原料的分量要十分精确，少一点儿或多一点儿都不行；搅拌原料时，一定要用冰水；揉面时，手势和力度都得掌握得恰到好处，否则就做不出那种酥酥松松的口感了。”他如数家珍地说道，“烘焙时，温度的控制很重要。温度高了，馅饼便糊了；温度低了，馅饼又会变得干干硬硬的。此外，温度也会影响苹果的硬度和软度，苹果太硬，扎口；苹果太软，糜烂，只有软硬适中，吃起来才令人回味无穷。”

玛丽授课极有耐心。她总是先示范一次，再让学员亦步亦趋地学做一次；然后，大家一起边开开心心地品尝烹饪的成果，边讨论学习的成败。

在玛丽家整整学了 3 个月，彼德不但掌握了许多可贵的烹饪原理和方法，原本一窍不通的英文也日有长进。每次去上课，他总抱着一本厚厚的字典同行，把菜谱上的英文单词一个一个地翻译出来，勤学苦记；回家后又细细消化，慢慢琢磨。

玛丽被他不懈的学习热忱和刻苦的学习精神感动了，知道他不是个蜻蜓点水的“过客”，而是准备认认真真地在烹饪界当个“长驻军”的人，于是，她主动表示愿意资助他继续学习。

惊喜万分的他，在 1999 年选择了一家烹饪专科学校，修读烹饪课程，又系统地学习了西餐的烹制技巧。

2000 年，他在学成后受聘到某家西餐馆担任厨师，不久后便因为工作表现优异而升任主厨。由于厨艺出色，又善于变换新花样，许多人慕名而来，餐馆日日客满。这时，彼德人生的小舟已驶进了一个温暖的港湾，然而，对于高瞻远瞩的他来说，真正的挑战还没有开始。

“我觉得人生就像是一条长长的路，当你达到某个目标时，你就必须不断地超越目前的境况，去挑战新的目标。有梦想的人生，才算是有意义的人生。”

2003年，他的第一个梦想实现了。他拿出全部积蓄，加上朋友的投资，在成都开了第一家充满南美风情的西餐馆，由玛丽担任顾问。彼德把“努力不懈”当作终生遵守的座右铭。他严肃地说道：“学习，不是百分之百的东施效颦，把自我的创意加入菜品中，凸显自己的特色，才是最重要的。”

尽管目前已经拥有4家餐馆了，可是，在成都和北京来回穿梭的彼德，又有了新的梦想，他希望“彼德西餐馆”能成为中国的连锁西餐馆。他微笑着说：“我们永远不可以放弃梦想。”永远有梦想，而又永远努力地让梦想落实。

彼德，是成都的一个传奇，一个活生生的传奇。

FBI 阅人术

吴凯琳

第一次和陌生人见面时，如何在一开始谈话的几分钟内，了解这个人？如何和对方拉近距离？如何找到对方喜爱的话题？如何让对方愿意开口？

这都得依靠细致而入微的观察力，谈到这里就不能不提最近声名大噪的乔·纳瓦罗。

他曾经担任美国联邦调查局探员长达 25 年，是反间谍情报小组的身体语言行为分析专家。如今退休后成为美国知名的扑克牌教练，他总结出赢得牌局的关键就是掌握“70/30 法则”。“其 70%来自于阅人能力，赌博技巧仅占 30%。”

2006年年底，他出版了《牌桌上的阅人术》一书，凭着他在担任探员期间对犯人测谎时所练就的观察力，指导玩家如何通过对眼神、肢体动作的观察看透对方的心思，在牌桌上给予对方致命一击。

观察力可以靠后天练习

首先最重要的就是练习你的观察力，其中最有效的方法之一是“回想游戏”。你可以在任何时候、任何地方练习，例如，当你走进一个房间之后，闭上眼睛，尽可能回想走进房间之前你看到了什么，越详细越好。

时间久了，你也可以像纳瓦罗一样，走到朋友家的前门，就已经把周遭环境看清楚了：门前街道上停了哪些品牌的车，隔壁房屋外有位男性在除草，另一间房子的门前放着两份报纸……

另一种练习方式则是更进一步。当你观察完周遭环境之后，还要再问自己，这些代表什么意义。例如，除草的人应该就住在那间房子里，因为门前的街道上没有停放任何除草维护公司的车辆。

答案正确与否不是重点，真正重要的是你必须训练自己，从观察到的线索中得出合理的推论。

而当你真正和对方面对面接触时，得随时保持警觉，任何细节都不能放过。纳瓦罗每次坐上牌桌，第一件事就是观察同桌的对手，包括他们的脸部表情、双手放的位置、坐姿、穿着打扮、发牌时出现什么样的脸部表情或动作。

更重要的是，竞赛过程中他会特别注意对手的行为是否出现异常。例如，原本放在牌桌上的双手突然环抱在胸前或放在大腿上，可能代表情势变得对他不利。

双脚动作更可靠

一般我们在观察人时，习惯第一眼就看对方的表情，但是纳瓦罗却反其道而行，先观察对方的双脚动作。他说："脸部表情可以装，但是很少人伪装双脚的动作。"

其中一个线索就是双脚朝向的方向。根据许多针对法庭行为的研究显示，如果法官不喜欢某个证人，通常会将双脚朝向他们之前走进法庭时的大门。

同样地，当你和某个人说话时，如果对方的双脚朝向某个方向，而不是正对着你，就代表他想要结束这场对话。

如果对方突然双脚（脚踝之处）交叉，就代表他有些紧张或是觉得受到了威胁。

如果对方将身体往后移，然后跷腿而坐，这就是自信的表现，代表情势对他非常有利。

观察不寻常的动作

当然，观察不只限于刚碰面的几分钟而已，越到中后段，越能看到对方真正的行为反应。因为除非接受过专业训练，否则过了一段时间，对方便会不经意露出马脚。因此，在过程中你必须特别注意突然出现的异常行为。

例如，当人在紧张或是有压力时，常会不自觉地做出以下这些动作：

1. 触摸或按摩颈部：我们的颈部有许多神经末梢，只要稍加按摩，就可以有效降低血压与心跳速度，消除紧张。另外，按摩额头或是摸耳垂，也都是一般人紧张时会出现的动作。而如果男生拉着领带，或是女生玩弄颈上的项链，也代表同样的意思。

2. 深呼吸或是话变多：深呼吸是立即平缓情绪的最简单方法，因此当你看到对方深呼吸，就知道他可能在压抑自己的情绪。或是在过程中对方不太爱说话，却突然话多了起来，也代表他的情绪开始变得不稳定。

3. 双手放在大腿上：紧张时我们也会不自觉地将双手放在大腿上来回摩擦，试图平缓自己的情绪。因此这个动作也是另一个重要的线索。

此外，有时候你会发现对方动作快速，做决定很果断，通常这么做的目的是为了掩饰自己的没信心。真正有自信的人会深思熟虑，而不是不假思索就做出决定，急着展现自己的信心。

当你观察到以上的行为时，就可以依据情况决定自己是否要乘胜追击，迫使对方答应你的要求，或是说些话让对方放松，以利于接下来的对话。

从肢体语言看个性

然而，肢体动作除了显示对方当下的状态之外，很多时候也是个性的展现。日本管理顾问武田哲男归纳出几种常见的习惯动作，反映了特定的个性与行为模式：

1. 喜欢眨眼：这种人心胸狭隘不大能够信任。如果和这种人进行交涉或有事托付时，最好直截了当地说明。

2. 习惯盯着别人看：代表警戒心很强，不容易表露内心情感。所以面对他们，避免出现过度热情或是开玩笑的言语。

3. 喜欢提高音量说话：多半是自我主义者，对自己很有自信。如果你认为自己不适合奉承别人，最好和这种人划清界限。

4. 穿着不拘小节：代表个性随和，而且面对人情压力时容易屈服。所以有事情找他们商量时，最好是套交情，远比通过公事上的关系要来得有效。

5. 一坐下就跷腿：这种人充满野心与自信，而且有行动力，下定决心后会立刻行动。

6. 边说话边摸下巴：通常个性谨慎，警戒心也强。

7. 将两手环抱在胸前：做事非常谨慎，行动力强，坚持己见。

多搜寻周边线索

不过，外表只是线索之一，你还可以从其他不同的来源，搜寻关于对方的重要信息。《冷读术》的作者石井裕之，提供了一些有趣的技巧，有助于摸清对方的个性。

首先，你可以从笔迹下手。在适当的机会，请对方在一张白纸上写下你要的信息。比如，请他写下他的联系方式等。

字迹潦草而写字速度很快的人，工作速度也很快，但是通常比较马虎粗糙，因为他认为“大略做好后再修改细节就行了”。

写字谨慎而慢的人，工作时会一步步边确认边进行，非常仔细，但是如果催促他加快速度，就不能发挥应有的水平。

此外，手机吊饰也是很好的线索。吊饰复杂的人，通常朋友很多，是属于怕寂寞、喜欢热闹的类型。没有佩戴手机吊饰，即使有也是式样简单的人，不大喜欢一群人在一起吵吵嚷嚷，也不大重视表面的交友关系，只与少数能真正交心的人长久交往。

以上只是简单说明几种主要的观察方法，重要的是要靠经验的累积。只要平时多与人互动、多观察，你也能拥有惊人的阅人能力。

人不炼，不成器

杨绛

人有优良的品质，又有许多劣根性杂糅在一起，好比一块顽铁得在火里烧、水里淬，一而再，再而三，又烧又淬，再加千锤百炼，才能把顽铁炼成可铸宝剑的钢材。黄金也需经过烧炼，去掉杂质，才成纯金。人也一样，我们从忧患中学得智慧，从苦痛中炼出美德。

孟子说："故天将降大任于斯人也，必先苦其心志，劳其筋骨，饿其体肤，空乏其身，行拂乱其所为，所以动心忍性，曾益其所不能。"就是说，如要锻炼一个做大事的人，必定要叫他吃苦受累，百不称心，才能养成他坚忍的性格。一个人经过不同程度的锻炼，就获得不同程度的修养、不同程度的效益。好比香料，捣得愈碎，磨得愈细，香得愈浓烈。这是我们从人生经验中看得到的实情。谚语“十磨九难出好人”“人在世上炼，刀在石上磨”“千锤成利器，百炼变纯钢”“不受苦中苦，难为人上人”说的都是以上道理。

我们最循循善诱的老师是孔子。《论语》里孔子的话，都因人而发，从来不用教条。但是他有一条很重要的教训。他的弟子，怕老师的教训久而失传，在《大学》里记下老师二百零五字的教训。其中最根本的一句是：“自天子以至于庶人，壹是皆以修身为本。”修身，不就是锻炼自身吗？

修身不是为了自己一身，是为了齐家、治国、平天下。平天下不是称王称霸，而是求全世界的和谐和平。有的国家崇尚勇敢，有的国家高唱自由、平等、博爱。中华古国向来崇尚和气，“致中和”，从和谐中求“止于至善”。

要求世界和谐，首先得治理本国。要治国，先得齐家。要齐家，先得修身。要修身，先得正心。要摆正自己的心，先得有诚意，也就是对自己老老实实，勿自欺自骗。不自欺，就得切切实实了解自己。要了解自己，就得对自己有客观的认识，所谓格物致知。

了解自己，不是容易的事。头脑里的智力是很狡猾的，会找出种种歪理来支持自身的私欲。得对自己毫无偏爱，像侦探调查嫌疑犯那样窥视自己，在自己毫无防备毫无遮掩的时候——例如，在梦中、在醉中、在将睡未睡的胡思乱想中，或心满意足、得意忘形时，捉住自己平时不愿或不敢承认的私心杂念。在这种境界，有诚意摆正自己的心而不自欺的，则会憬然警觉：“啊！我自以为没这种想头了，原来是我没有看透自己！”一个人如能看明自己是自欺欺人，就老实了，就不袒护自己了。这样才会认真修身。修身就是管制自己的情欲，超脱“小我”，从而顺从灵性良心的指导。能这样，一家子就可以很和洽。家和万事兴。家家和洽，又国泰民安，这就可以谋求国际的和谐共荣、双赢互利了。在这样和洽的境界里，人类就可以齐心追求“至善”。这是孔子教育人民的道理，孟子继承、发挥并充实了孔子的理论。我上文所讲的，都属“孔孟之道”。

修身——锻炼自身，是做人最根本的要求。天生万物的目的，该是为了堪称万物之灵的人。但是天生的人，善恶杂糅，还需锻炼出纯正品色来，才有价值。这个苦恼的人世，恰好是锻炼人的处所，好比炼钢的工厂，或教练运动员的操场，或教育学生的教室。这也说明，人生实苦确是有缘故的。

不要把贫困的痛苦传给你的孩子

一哲

杰斯出生在列宁格勒（今圣彼得堡）一个书香门第，父亲是大学教授。虽然父亲的薪水不低，但一家老老少少十几口人都依赖于父亲，所以，他的家庭并不富裕，虽不至于挨饿，但也常常捉襟见肘。他至今都记得在他 16 岁生日的时候，父亲对他说了句“杰斯，生日快乐”，所谓的生日礼物也只是一支很普通的钢笔。而在他生日来临前的一段日子，他有意无意地向父亲透露出想买条牛仔裤的愿望，并在各方面都尽力表现得很好。他本来以为父亲会送给他一条牛仔裤作为生日礼物，可是，事实却让他倍感失落和痛苦，甚至愤怒。在圣彼得堡，男孩子 16 岁就意味着是成人了。而在 16 岁生日这天，父母一般都会送孩子一份他渴望的礼物，来作为成人贺礼。父亲给杰斯的解释是：一条真正的 Levi's 牌牛仔裤价格高达 500 卢布，而他的月工资只有 200 卢布。如果买一条牛仔裤给杰斯，全家人都会因此受穷受苦一段时间。而他又不愿意去买一条价格便宜却质量低劣的冒牌牛仔裤送给杰斯，尤其不愿意在杰斯 16 岁生日这个重要的日子里当作生日礼物送给他。

对于父亲的解释，杰斯根本无法理解，也不愿意去理解。他用眼泪和无法掩饰的失落无声地表达着自己的抗议。父亲并没有安慰他，反而很严肃地对他说："我知道你此时的心情，但别指望我向你道歉。我没有错，只是没有能力满足你的愿望而已。或许你认为我不是个称职的父亲，那我希望你以后做一个出色的父亲，不要把你现在所承受的痛苦传给你的孩子。"

"我一定会比你做得好，将来我要是做了父亲，我会送我的孩子无数条牛仔裤，会满足他所有的愿望，我会让他因为我而感到骄傲。"性格倔强的杰斯几乎是一个字一个字地说出这些话来。

"很好，我愿意将你说的这些话看成是你的成人宣誓，但愿你不要忘记它。你最好铭记在心里。"父亲说完这句话，就去上班了。杰斯站在原地，久久地咬着自己的嘴唇。

高中毕业后，许多要好的同学去工厂做了工人，而杰斯却执意要去读大学。在他看来，要想改变命运，有光明的未来，读大学是他唯一的捷径。杰斯从来都没有忘记自己的誓言，要做一个有成就的人。上大学时，杰斯经常利用暑期勤工俭学，到建筑工地打工，一个月可以挣到 300 卢布；而开学后，他则会找一份清洁工的工作。靠着半工半读，他一直读到博士毕业。既要打工赚钱，又要使学习成绩出色，杰斯注定要比别人付出更多。从读大学开始，他几乎很少能睡个痛快觉。在他们那一届的博士生中，身高仅 1.62 米的杰斯被导师称为“身材最矮但最能吃苦的学生”。

这个叫杰斯的孩子现在的名字是：梅德韦杰夫。2008 年 3 月 2 日，他胜利当选为俄罗斯新一届总统。在大选结果揭晓的当天晚上，43 岁的梅德韦杰夫像个调皮的孩子一样，给在圣彼得堡的父亲打了电话，他幽默地说：“你现在去问问我的孩子们，看看他们是不是为自己的父亲而感到骄傲。顺便说一句，我也和他们一样。”当年的杰斯早已经理解了父亲。在他看来，16 岁生日那天，父亲已经给了他最好的生日礼物——奋斗的最初动力。

出身无法选择，贫困不是抱怨的借口，也不是沉沦的理由。如果自己没有一个有成就的父亲，那就努力去做一个有成就的父亲。不把贫困的痛苦传给自己的孩子，这种爱也足以成为一个人去奋斗的动力。

投资自己

吴淡如

让自己每个月都有点儿进步，你会为自己感到骄傲，也会对未来充满信心。

有人说，人生是由意料之外的事情组合而成的，我十分同意。我们现在的样子，跟小时候“我的志愿”里想要变成的样子大不相同。在我的朋友中，“我的志愿”要当富有多金的总经理的，现在成为一个很安于现状的公务员；志愿要生一堆小孩儿的，现在成为遨游四海的空姐，自由得像只鸟，根本不想结婚；有人本来立志当卡车司机却变成大学教授；也有人从打架生事的街头小混混变成了律师；还有人从最调皮叛逆的少女变成了最贤淑温良的家庭主妇。

瑞真是个很妙的例子。她从小就向往琼瑶小说中的爱情，想要嫁个有学问、有品位、有为而且最好很有钱的金龟婿，这个强烈的念头从来没变过。

她的朋友都知道，她是“一看到男人就开始考虑是不是结婚对象”的“偏执狂”。成长过程中，由于她长得很可爱，个性也很开朗、主动，男友从来没断过。但由于她对“良禽择木而栖”的要求还挺严格的，到了近三十岁，愿望还没完成，可是自己已经是一位通过特考的“外交官”了，“无心插柳”地变成了一个女强人。怎么说呢？她最有趣的地方，就是为了爱情什么都做。

根据我们的“常识”，一个为了爱情什么都做的女人，往往会被心爱的男人贬得很惨，尊严受损的程度往往超过她得到的感激。但瑞真稍有不同，因为她还相当爱自己，所以她的“什么都做”，很良性地偏向于提升到“什么都可以努力”的层面。

家境普通的她从小蛮用功的，念的都是明星学校。因为她自小早熟，明白“不是有钱人家出身，高学历比房屋产权证更能当好嫁妆”，所以非得有漂亮学历不可。她并不是日文系毕业的，几年前却已经拿到职业口译的资格，每小时兼职工资高达万元，是因为她交了一个日本男友的关系。为了这个日本男友，她鼓足了劲儿考上公费留学到日本念研究生，拿到硕士后，虽然几经考虑没有和男友进结婚礼堂，但她的日文已好到让日本人误以为她是同胞。

她对于美术史的研究也很有一套，说穿了也还是因为有个男友是美术史学者，为了跟男友沟通，她的知识比科班出身的还强。

为了想要钓个科技新贵或企业家第二代，她也勤于出国旅游，每次还都狠狠地帮自己买商务舱以上，她说：“当然只有在商务舱或头等舱才能遇到有钱男子吧。”这个念头虽未实现，因为每次坐在她旁边的都是有钱的老头，素来有礼貌的她也交了一些忘年交，也把世界上著名的旅游地点都玩遍了。

为了把旅费捞回来，她还写了一本跟环游世界有关的书。就算没有大卖，也玩出了成绩来。不久前通过“外交官”考试，也不过是因为她临时起意，认为自己当“外交官夫人”一定很称心很有面子。朋友们都笑瑞真歪打正着，一心追求爱情，没想到却成全了自己，是瑞真最好的写照。

她与一心为了爱却导致不幸的女人最大的不同，应该在于，她很爱自己，还有她在误打误撞间，为了爱情“投资自己的一切”，而不是“牺牲自己的一切”吧。

一个懂得不断投资自己的人，往往能够享受到超乎“我的志愿”的甘美果实。我一直相信，只有成长才是一个人唯一的希望，投资自己的人，才懂得成长。不一定要立下什么崇高的志愿，只要人生不断地有学习有进步，不知不觉间，我们就能得到老天爷给我们的“优良学生奖”和奖品。虽然，奖品内容和我们预期的往往迥然不同。

当然，我们可以看到周遭也有这样的例子：本来胸怀大志，结果几十年人生没有任何的收获和长进，徒然给亲朋好友添麻烦。这样的人问题在于，有了志愿后，常常没有规划；有了规划后，又没有原则；有了原则后，又没有行动力；有了行动力，又不能持续。结果，就变成了“小人常立志”，总没办法为自己带来成就感。

生为现代人，我们的生涯规划常常赶不上时代的变化，也赶不上我们观念的变化，但是又有什么关系呢？只要你懂得投资自己，让自己每个月都有点儿进步，你就会为自己感到骄傲，也会对未来充满信心。

三个和一个

李蔚红

在经县城通往省城的公路上，有三位年龄都在七十岁以上的老人正在换车。他们从一辆普通的长途汽车上下来，沿着飞驰着各种车辆的柏油路，走进售票大厅，在那里买好了车票以后，又坐上了一辆豪华的大巴车，向省城的方向驶去。

春天的早晨，明媚的阳光照耀着这三位与蓬勃的景致不怎么协调的老人。他们白发苍苍，满脸皱纹，步履蹒跚。他们向别人问路的语言含糊不清，只有他们几个彼此熟悉，而陌生人却要好半天才能弄清楚他们的意思。

他们好久都没有出远门了，但是今天要出一趟远门，他们相约去看望另一位老人。

他们要去看望的这位老人是我的父亲。

父亲听说他们要来以后，就打电话给我，要我给他们找一个住处。父亲极力地压抑着激动的情绪，让自己的声音平缓下来，他知道他这个年纪的人，已经不适合过于激动了。

“他们三个都是我的老朋友，我们有二十多年没有见面了。年轻的时候，我们在一所学校里教书。有一个时期，教育界很混乱，到处搞武斗。我正患肝病，有一次被折磨得昏迷了过去。他们三个听说后，就挤进人群把我送到了医院，救了我一命。那时候，很多亲近的人，甚至自己家里的人，都躲避着这样的事情，但是他们三个站了出来，在我生命危急的时候这样做了。我一直忘不了他们。他们中性情急躁一点儿的那个，小时候练过武功。后来他经常跟着我，那些搞武斗的人，就不怎么敢折磨我了。”

父亲年轻的时候，是一所中学的校长。他一个人住在学校里，放学以后，喜欢炒两个小菜，与几位同人一起喝酒、吟诗作乐。父亲的经济状况比那些家在农村的老师要好一些，所以他的宿舍就像是老师们的一个小饭店，他们饿了、馋了、想喝酒了，都去那里满足一下，家里有了困难，也去那里诉说一番。父亲一直是一个有“大庇天下寒士俱欢颜”思想观念的人，他在涨工资和分房子的时候，好几次都把自己应该得到的让给了那些生活极为艰难贫困的人。

父亲总是说，人的一生一晃而过，不需要处心积虑地积攒财富。财富也不一定能使人幸福。一定要善待周围的人，与他们好好相处，让他们因你而受益。

中午的时候，那三位老人就到了省城。父亲已经不能自己忙活饭菜了，他在一家酒店里招待了自己的老朋友。这三位老人中，年龄最大、面容最苍老的那位，去年做了心脏搭桥手术。他望着父亲说："老李啊，我这是最后一次见你了，我再也来不了啦，我们下辈子再见面吧。下辈子，我还和你在一个学校教学生，我喜欢跟你在一起。"三人中年龄最小、脾气最犟的那位，也七十二岁了，他就是当年背着父亲去医院的人。他坐在父亲的身边，不断地为父亲添水。他说："咱们都老得不能喝酒了，多喝点儿茶水吧。在学校的时候，有一回我在你宿舍里喝醉了，回家的路上掉进了一口枯井里，我在那里面睡了一晚上。"那第三位老人是一个性情温和的人，他是地主的儿子，但他一直辛勤地教育学生，是学校里教学最好的老师。他说有一个时期，地主出身的人不能做教师，但父亲没有让他回家。父亲说，什么样的人都可以做老师，只要他教学教得好，对待学生好。

晚上，三位老人住在附近的一家招待所里。父亲回到家里后，正有一轮明月挂在空中。父亲站在小院里看了一会儿明月，他不知道他和他的老朋友们还能再看几回这样的明月了。

第二天早晨阳光明媚，我打电话给父亲，想开车送他们去广场和几处名胜看看。但是父亲说，他的朋友什么也不想看，他们就是在还能走动的时候来见他一面的。他们已经对很多事失去了兴趣。他们已经回去了。

"他们不辞辛苦来这一趟就是为了看看我，我们互相再看看。这一辈子，我们怕是再也见不着了。这是我们的最后一次见面。"父亲在电话里说。

父亲一直把三位老人送到了车站。分别时的那个情景可以想象：车站里很多的车一字排开，就要驶向远方。车要开动的时候，三位老人和父亲又分别握了一次手，说着告别的话。这些话也是他们这一生互相面对面说的最后几句话了。父亲拉着他们的手，摇着，不舍得松开。这也是他们最后的握手了，父亲禁不住流下了眼泪。那三位老人终于上了车，他们从车窗里挥着手，混浊的眼睛里，也禁不住涌出了泪水。

一个人，在他年轻有为的时候，他是靠个人的能力来征服别人的；而在他衰老无力的时候，他是靠一生的品行来拥有真正的朋友的。

你失去了哪些本能？

山鸡哥

在全球化的新生代中，有 3 类人显得格外引人注目：科技废人、传统弃儿、职业病人。

是的，人们越来越有机会摆脱体制内的“格式化动物”的角色了，但新科技和新生活方式并不一定把人带向福地，很可能是走向相反的方向，造成人自身机能的退化。

不要一厢情愿地相信“科技以人为本”，科技其实是以智能化和傻瓜化为本，令人动一下大拇指就能完成一切行为，从打电话、找人、做饭、听音乐、做记录、开飞机到发射导弹。结果是以“电话号码健忘症”为代表的“数码痴呆症”在流行，商务通和 Google、点唱机和刻录光盘取代了我们的记忆能力。

并不是向往回到“胸口碎大石”的年代。只是，高科技令我们淡忘了自己还有一个功能强大的身体。不知不觉间，我们荒废了那么多的本能，从身体的机能，到心灵的感应。高科技能救我们吗？除了攀比数码产品的升级版本，我们获得的是对它更深的依赖和自身本能更快的丧失。

所以，对于北京离地 10 米的“鸟人”，对于在非工作时间关掉手机的人，对于坚持晨练和用笔写字的人，对于爱得真诚、孤独得享受的人，不必急着表现出不屑。

因为，你极有可能退化 13 种能力——

视力：电脑、电视和不规律的作息让大家都戴上了眼镜。因为戴了隐形眼镜，大家才不知道你近视。

听觉：随身携带 MP3、长时间戴耳塞和汽车里的 high 曲，都能导致听力衰退或迟钝。

消化功能：生食越来越不敢吃，食物越来越精细。娇贵的肠胃，贫乏的乐趣，胃病成为全民性的职业病。

嗅觉的辨别和记忆功能：你当不了猎人，而且被香水和古龙水蒙蔽已久，甚至记不得最近一次恋爱时那人身上的味道了。

运动能力：打的、坐飞机、长期伏案，大脑发达而四肢功能退化，力量只够爬楼梯，连拎一桶水都吃力。灵活性只表现在大拇指最擅长发短信了。

身体的忍受力：四季必备止痛药的后果是，即使是小手术都让人不能忍受。热了有空调，冷了有暖风机。

免疫力和抵抗力：各式药物抗病毒，结果一场流感就能击倒整间办公室的人。

生物钟：不可能自然醒了。没有闹钟，肯定睡过头。

记忆力：不少人会偶尔忘了自己家的电话号码，都靠记事本和手机，连小学生也有文曲星。

计算能力：能用计算器就用计算器，所有手机都附带这一功能。老以为半径 22 厘米和 15 厘米的比萨饼加起来肯定比 30 厘米的要划算。

现实生存能力：电玩让年轻的孩子活在另一个世界，然后更严重地被社会伤害。另一方面，人们进入餐馆就能当美食家，但自己连荷包蛋都煎不好。

独处的能力：无法忍受一个人的孤独，狂发短信、打电话、看电视、上网、逛街、购物，以填充和打发时间，想方设法不静静地待着。

多元发展的专业能力：做好自己的工作已经不容易，成为多面手绝对是不可能的了，最多能应付“幸运 52”。

我也有一个功夫熊猫的梦

徐小平

不能没有梦

迄今为止，我已经看过四遍《功夫熊猫》。《功夫熊猫》最打动我的地方，不是那些眼花缭乱的武功招式，不是那些意味隽永的幽默哲理，甚至也不是阿宝打败对手时的英“熊”壮举——影片最让我难以忘怀的，是阿宝想去参加选拔大赛的火箭座椅被爸爸吹灭之后，他跌倒在地，万念俱灰，一脸愁云惨雾地爬起来，心灰意冷地答应跟老爸回家做面条的那一组镜头。

那一刻，我居然也流下了一串“熊猫的眼泪”。因为，这组镜头极生动地诠释了励志教育的一个基本原理：一个人（或熊猫）生命最重要的价值，不在于他现在是否成功，而在于他是否有成功的梦想，是否有为成功而奋斗的机会、权利和自由——为了那些别人看来荒诞不经、狂野无稽的梦想奋斗的机会、权利和自由！

梦想的存在，是对于没有梦想者的挑战与冒犯，所以做梦的人往往会遭到他人的质疑和反对。阿宝的梦想，尽管看上去遥不可及，但依然是一个支持他不被平庸生活淹没的精神支柱，一个不断给予阿宝生活信心与乐趣的动力源泉。

我们可以不成功，但我们不可以没有梦！阿宝的绝望唤起了我自己一段类似的回忆。

为梦想而奋斗

1994 年夏天，我回国创业的梦想破灭。为了家庭责任，我抱着两岁的徐赶，牵着五岁的徐超，跟着三十几岁、唯恐青春老去的“徐娘”，回到了加拿大。

一离开中国，我立即陷入了那种失去梦想、没有希望的生活。也许当时的我还是有梦想的——我当时最大的梦想，就是在加拿大找一份“像样的工作”，养活老婆孩子，度过家庭危机，过一种加拿大人普遍向往的中产阶级的“幸福”生活。创业失败导致自信崩溃的我，有点儿像阿宝的老爹那样，成天想的就是找一份面条店或是豆腐店的工作。只要能赚钱，那里就是我的伊甸园。

养活老婆孩子是男人的基本职责，可是从小学音乐、搞艺术长大的我，还有多少人生之梦、暮春幻想没有实现啊。

加拿大是一个美丽富饶的梦想之国，但对我而言，只能做梦。要使这一切梦想成真，我只有一个地方可去，那就是回国，回到孕育了我人生梦想的中国。

那干脆再次回国？这个说起来容易的事情，当时我却连想都不敢想。如果回国，家庭责任、经济开销、孩子的教育、太太的住房就会成为一个个无法解决的难题。

做面，还是做梦？我真是左右为难。

这时，一位朋友知道了我的困境，向我伸出了温暖的援助之手。她说："阿宝，现在有一个工作机会，你要不要做？"

我的英文名字叫Bob，音译为"阿宝"，也算是神译。

我眼睛一亮，赶紧问那是什么工作。我听到那位我至今依然尊敬、感激且一直保持友好交往的朋友对我说："你知道我的先生是个驾驶教练，你可以给我先生当学徒，做个驾驶教练，教人学车，一年的收入肯定比现在多。"

驾驶教练？我做驾驶教练？

虽然当时我太太对我无比失望，但她还是认定我是一个天才，尊重我的梦想，不愿把我放在面汤或气缸里毁掉。她沉思了几秒钟，然后坚定地说了一声"NO"，使我回到了虽然脚下无路可走，但梦想依然云霞灿烂的现实生活中。

如果我太太当时说了"YES"呢？我相信我会去做那份工作，但做不了多久就会放弃。回想起来，我之所以能够在种种巨大的生活压力下存活下来并反败为胜，根本原因就在于我从来没有放弃过梦想，从来没有承认过失败。即使我有过泰山压顶的艰难时刻，但我从来没有停止过对“会当凌绝顶，一览众山小”这一人生壮美境界的渴望。

坚持自己的选择

在加拿大挣扎了一年多，随着俞敏洪的到来，我 1996 年初再次回到北京，加盟新东方，开始了那段激动人心的追梦之旅。

即使在那个时候，我那即将升空的土火箭座椅，还是差点儿被人吹灭，我差点儿跌倒在地。

那是我回国不到两个月的时候，我的三个姐妹中的一个姐姐从老家给我打来电话，她代表全家人来劝导我放弃北京，回加拿大去尽家庭责任。

任我怎么解释我在北京干着多么有希望、有意义、有前途、有“钱途”的工作，她就是不依不饶，认定我回国是一个错误的选择，对我个人和家庭都不利。

亲人的规劝当然有道理，但我在北京奋斗难道就是胡闹？谁说第一次创业失败，就不允许我擦干眼中的泪水，洗净脚下的污泥，重新开始第二次奋斗？谁说一个梦想破灭，就不能再续一个新的梦？做一个追日的夸父——要么神勇地追上太阳，要么壮烈地倒在途中……

我是幸运的，我有从不粗暴掐灭我梦想火箭的父母——所以我比熊猫阿宝幸运得多——他们最多只是满怀忧虑地看着我胡乱折腾，并祈祷我不要摔得太惨……

但那次，从姐姐那充满忧虑的声音中，我看到了父亲满脸的愁容，看到了母亲满头的白发，听到了父母姐妹对我担忧、失望的冷风呼啸和希望我回加拿大的集体请愿。泪水涌上了我的眼睛。

也许是从小任性，也许是天性爱自由，也许只是出于绝望，面对来自家庭的空前的压力，我说了迄今为止最为阿宝的一段话。当着办公室的几个雇员，我几乎是用号哭的声音对姐姐说："我四十岁了，知道自己在做什么。你们怎么可能比我更了解我自己？我根据自己的良知去追求我认为有价值的目标，你们应该相信我，因为我并不愚蠢。现在是我人生最困难的时刻，你们最应该做的，不是质疑我的决定，而是支持我的行动。家庭应是我奋斗的坚强后盾。不要把我当成不务正业的人好不好！呜……"

放下电话，我号啕大哭。

我哭什么呢？我哭，是因为自己被家人误解——误解的本质是反对；我哭，是因为自己使亲人失望——失望的后面是鄙夷；我哭，也是因为脆弱的我在必须坚强时，需要用眼泪释放压力；我哭，还因为本性乐观的我，眼泪里也能哭出阳光。我哭自己终于摆脱了内心深处对他人意见本能的屈从，终于获得了按照自己意志去奋斗的精神自由，终于撕破了自己与生俱来的总是骗爸爸妈妈"我在这里挺好的"那种温情脉脉的虚伪；还哭我自己从此终于可以走自己的路，而让爸爸妈妈担心去吧——谁担心到最后，谁担心得最好！

在"要让爸爸妈妈、兄弟姐妹、老婆孩子早日摆脱为我担忧和操心"这个信念的支持下，我把生命中所有的力量倾注在新东方的创业梦想里，迅速走出了人生的低谷……

新东方十年，我对自己做过的事情充满了自豪；而这次在亲人面前的哭泣，是我十年里最为自己骄傲的瞬间之一。

有梦想是幸运的

人活着不容易，熊猫活着也不容易；不奋斗不容易，要奋斗更不容易；能够排除一切干扰，坚持自己的梦想，几年、十几年、几十年如一日，那就更不容易了。但只要你坚持下来，你的生命就是充实的、成功的、幸福的。

设想，假如阿宝的爸爸彻底扑灭了阿宝座椅下的火种，阿宝跟着爸爸回家，继承父业做面条，阿宝的一生，该多么像他爸爸……这部伟大的励志电影，肯定就拍不出来了！即使拍出来，也肯定没有人去看了。

熊猫啊熊猫，中国国宝的熊猫，在《功夫熊猫》里有了精神独立、人格自由、个性解放、拼搏奋斗的人格力量！阿宝那种敢于听从内心呼唤、勇于挣脱他人控制、大胆追求人生梦想的奋斗精神，应该是无数中国青年学习的楷模！从这个意义上说，阿宝是幸运的，我也是幸运的。因为，我和阿宝都有一个不灭的梦想，都曾为了梦想坚持不懈地奋斗，都在为了实现自己梦想的路上继续奋勇前进……

大学里没教的两件事

龙应台

编者按：本文是作者在台湾成功大学医学院毕业典礼上的讲话。

各位同学：

我今天演讲的题目是：大学在制度性教育下该教而没有教的两件事。

第一，它教你如何与别人相处，没有教你如何与自己相处。

合群，曾经是我们从小到大"德育"的核心。个人在群体中如何进退贯穿于整个儒家思想，但是儒家极其讲究的个人修身、慎独的部分，在现代化的社会里，却被忽视。

我们是一个习惯群聚的群体。在行为举止上，我们喜欢热闹，享受呼朋唤友的快乐。在思想判断上，我们用"集体公审"或者"拉帮结派"的方式思考问题。在时间的分配上，我们的学习表塞满课程和活动；在空间配置上，我们无时无刻不在与他人“相濡以沫”。

独思的时间，独处的空间，不在我们的课程设置里。

把这个问题说得最透彻的，我认为是原清华大学校长梅贻琦。他在1941年就指出当时的大学课程设置是有问题的，因为课程以“满”为目标，不给学生“独思”的时间。他说：“仰观宇宙之大，俯察品物之盛，而自审其一人之生应有之地位，非有闲暇不为也。纵观历史之悠久，文教之累积；横索人我关系之复杂，社会问题之繁变，而思对此悠久与累积者宜如何承袭撷取而有所发明，对复杂繁变者宜如何应对而知所排解，非有闲暇不为也。人生莫非学问也，能自作观察、欣赏、沉思、体会者，斯得之。”

在你们四年或七年医学院的学习时间里，诸位想必学到了各种技术，但是，“仰观宇宙之大，俯察品物之盛，而自审其一人之生应有之地位”，重不重要？大学是否教了你？“纵观历史之悠久，文教之累积，横索人我关系之复杂，社会问题之繁变”，在你的解剖学、病理学、临床课程里，是否有一点点入门？在整整四年或七年的培养中，试问百分之几的时间，是让你用在“观察、欣赏、沉思、体会”之中的？

一个没有能力“仰观宇宙之大，俯察品物之盛”，而对自己的“存在”状态有所思索的人，会是一个几流的医生？

四年或七年的大学生涯，大半是在喧哗而流动的群聚中度过的，难有空间对自己进行检讨、探索、深思。对此，梅贻琦感叹极深：“人生不能离群，而自修不能无独……至情绪之制裁，意志之磨砺，则固为我一身一心之事，他人之于我，至多亦只所以相督励，示鉴戒而已。自‘慎独’之教亡，而学子乃无复有‘独’之机会，亦无复作‘独’之企求；

无复知人我之间精神上与实际上应有之充分之距离，适当之分寸……乃至于学问见识一端，亦但知从众而不知从己，但知附和而不敢自作主张、力排众议。晚近学术界中，每多随波逐流之徒，而少砥柱中流之辈。”

“慎独”，其实就是在孤独、沉淀的内在宇宙里，审视自己在环境中的处境，剖析人我之间的关系，判别是非对错的细微分野。“慎独”是修炼，使人在群体的沉溺和喧闹中保持清醒。这些，大学教你了吗？“情绪之制裁，意志之磨砺”，在不在大学的课程里？

只“知从众而不知从己”的人，不“知人我之间精神上与实际上应有之充分之距离”的人，请告诉我，会是一个几流的医生？

纽约市长布隆伯格是纽约市立大学2008年毕业典礼的演讲人。他送给毕业生的“金玉良言”是：“成功的秘诀其实很简单，就是你要比别人拼命。如果你比办公室里其他同事都早到，都晚退，而且一年三百六十五天没请过一天病假——你就一定会成功！”

他举自己的父亲作为例子，说：“我父亲就是这样，他从早干到晚，一周七天，一辈子从不休息，干到最后一刻，然后跑到医院挂号，就地死亡。”

我看了报纸对这段“金玉良言”的报道，不太敢相信。心想，会不会这位老兄意在反讽，却被居心不良的媒体拿来做文章？于是我找出他演讲的现场录像，从头看到尾，发现他真是这么说的，而且极其严肃。

我想，如果你是以纽约市长这种观念来培养自己的，我会很恐惧有一天落在你的手里。医生被称为医“生”而不被称为医“死”，是因为他必须对“生”有所理解。

第二，大学教育教了你如何认识“实”，但没教你如何认识“空”。

我不知道在你们医学的制式教育里，有多少文学的培养？你们都在摇头，表示没有。我认为，文学应该是医学院的大一必修课程；文学，应该是所有以“人”为第一对象的学科的必修基础课之一。因为文学的核心作用，就是教你认识“人”。

读过加缪的小说《瘟疫》（即《鼠疫》）的，请举手……七十人中只有四个，比例很低。2003 年，我因为“非典”暴发而重读这本小说。小说从一个医生的角度描写一个城市由于暴发瘟疫而封城的整个过程。瘟疫流行时，封不封城，有太多的重大决定要做。是什么样的训练，使一个卫生官员做出正确的决定？医学素养绝不是唯一的因素。是什么样的人格，使一个医生可以走却决定留下，不惜牺牲生命？是什么样的素养，使一个医生知道如何面对巨大的痛苦，认识人性的虚伪，却又能维持自己对人的热忱和信仰，同时保持专业的冷静？

加缪通过文学所能告诉你的，不可能写在公共卫生学的教科书里。医学的教科书可以教你如何辨别鼠疫和淋巴感染，可是加缪的文学教你辨别背叛和牺牲的意义、存在和救赎的本质。

有多少人读过卡夫卡的《蜕变》（即《变形记》）？对不起，我觉得《蜕变》，也应该是医学院大一学生的必读书。你的医学课本会告诉你如何给一个重度忧郁症患者开药，但是，卡夫卡给你看的，是这个忧郁病患比海还要深、比夜还要黑的内心深处——医学的任何仪器都测不到的地方，他用文学的 X 光照给你看，心灵的创伤纤毫毕露。

是的，文学，是心灵的 X 光。它照得到“空”。

将来的医生，请问你具备这些吗？

剑桥的钟声为她响起

张达明

1996 年亚特兰大奥运会后，邓亚萍由时任国际奥委会主席的萨马兰奇提名，成为国际奥委会运动员委员会的一名委员。国际奥委会在正式场合使用的官方语言是英语和法语，只会说中文的邓亚萍，只好每次会议都带翻译，而所有委员中，只有她一人带翻译，翻译过来的语言难免滞后，常让她陷入尴尬。性格倔强的她告诉自己，如此重要的工作岗位，自己必须也一定要胜任！

1997 年邓亚萍退役，以英语专业本科生身份进入清华大学学习。第一堂课英语老师问她："你的英语水平是什么程度？"邓亚萍嗫嚅道："我能写出 26 个英文字母。"在费了九牛二虎之力后，总算写出了有些是大写、有些是小写的 26 个字母，她不好意思地对老师说：“我现在只有这个水平，不过请老师放心，我一定会努力，也会赶上其他同学的！”

在当天的日记中，她写道：“现在我是清华大学最差的学生，但我相信，过不了多久，我会成为清华最优秀的学生。”

但对于只上过小学二年级的邓亚萍来说，要想成为一名合格的大学生谈何容易？读书的清苦和孤独，虽然不同于球场的训练，但面对天书般的英文单词，她需要付出比别人多几倍的辛劳。以至于到后来，每天清晨起床，她都会发现枕头上有大把大把脱落的头发。

后来她在回忆这段生活时说：“上学和打球完全是两码事，为了赶上课程，我就拼命地学，导致睡眠不足，上课总是犯困，眼睛老也睁不开，恨不得用根棍儿把眼皮撑起来。在打球时，我两眼视力都是 1.5，毕业时，一只眼睛的视力已下降为 0.6 了。”

后来，邓亚萍不但以优异的成绩获得清华大学英语学士学位，而且获得了英国诺丁汉大学硕士学位。

一次，邓亚萍回清华看望英语老师，老师对她说：“你现在的英语水平已经很不错了，但作为一名奥委会委员，还需进一步提高。国内的语言环境决定了你在英语水平上不会有大的提高，我看还得再把你扔出去一回，去剑桥大学读博士！”

上剑桥大学是邓亚萍做梦也没有想过的，老师的话禁不住让她心潮起伏，她要先去剑桥大学实地感受一下。

邓亚萍首次进入剑桥城时，恰逢剑桥大学举行毕业典礼，全城街道挤满了熙熙攘攘衣冠楚楚的人，他们是剑桥的毕业生和来庆贺的亲朋好友。不论男女毕业生，一律都是白衬衣、黑皮鞋。本科生披着白色的羽毛，博士们则是大红色的呢子。当校长宣布毕业典礼开始后，剑桥城里所有教堂的钟声同时响起，热闹的街道霎时庄严肃穆。邓亚萍被眼前的场面深深打动，她足足看了一个钟头，对这些骄子充满了羡慕，自己心中也升腾起上剑桥读博士的熊熊火焰。

邓亚萍拿着清华老师的推荐信，迫不及待地拜见了剑桥大学校长艾莉森·理查德，把读博士的想法和盘托出。理查德对她说："剑桥只招收最聪明的学生。虽然你是世界顶尖级人物，但学术背景一定要过硬。当然，我们还会考虑别的因素，比如推荐信、个人求学计划、面试表现等等。如果能让萨马兰奇给你写封推荐信，那当然再好不过。"

邓亚萍觉得，让萨马兰奇写封信不算什么难事，但令她意外的是，萨马兰奇并不支持她上剑桥。萨马兰奇对她说："你已拥有了两个学位，应该马上回国效力，而不是读什么剑桥博士。"

她诚恳地对萨马兰奇说："请您放心，即使我读完剑桥博士，也绝对要回到我的祖国去，我上剑桥，是希望以后能更好地为我的祖国效力。"

萨马兰奇被邓亚萍的诚恳和决心所打动，为她写了推荐信。

这是一次难得的机会，又是一次艰难的起步。最初几个月，邓亚萍很难适应剑桥的环境，总有一种"云山雾罩"的感觉。她买了一辆自行车，第一天，让房东领着自己从出租房到学校走了一遍，第二天却怎么也找不到路，只好边走边问到了学校，但还是迟到了，因而受到老师的严厉批评，让她很是窘迫。

邓亚萍拿出打球时不服输的劲头玩命地学习，把研究方向定位于

“2008年奥运会对当代中国的影响”。而此时，作为国际奥委会委员，她一边要忙于北京奥组委的筹备工作，一边还要进行博士论文的准备。2004年春节假期，她为了赶写剑桥大学博士论文，放弃了与亲人团聚的机会。她买来一堆速冻饺子度过了假日。朋友们劝她说：“你得到了那么多令人羡慕的荣誉，不攻读剑桥博士学位，以后照样可以生活得不错。即使读学位也不必和自己较真，找个‘枪手’代笔写论文不也能过关吗？”但她说：“在你们眼里，我纯粹是自讨苦吃。我读博士绝不是为了‘镀金’，我既然上了剑桥，就绝不投机取巧走捷径，更不会弄虚作假！我盼望着那一刻，当我戴上剑桥博士帽时，剑桥大学城里所有教堂的钟声都为我响起来！”

2008年11月29日，当剑桥大学校长理查德在学校礼堂前的草坪上亲自授予邓亚萍经济学博士学位，并为她戴上剑桥博士帽时，剑桥大学城内所有教堂的钟声顿时响起来，在丈夫林志刚和两岁的儿子林瀚铭以及当地朋友的陪伴下，邓亚萍按照剑桥的古老传统完成了全部仪式。那一刻，她泪流满面，哽咽着说：“在经历了11年的艰辛后，今天我终于圆了剑桥博士的梦，激动的心情绝不亚于夺得奥运会金牌。”

日前，邓亚萍应邀参加央视“咏乐汇”访谈节目，有观众问她：“你是剑桥大学建校800年来唯一拥有世界冠军头衔的博士，支撑你实现这一目标的力量是什么？”

邓亚萍胸有成竹地回答道：“简单说就是四颗‘心’。首先是决心，在你有了一个目标或是方向之后，要坚定不移地朝着这个目标努力；其次是恒心，在努力的过程中势必遇到一些困难，但这就是人生，如果不能克服困难，你也上不了一个台阶；再就是信心，最后离目标也许会差那么一点点，但一定不要丢掉信心；最后是平常心，不论结果如何，都要以平常心来对待。”

从运动员到博士生再到共青团北京市委副书记，邓亚萍看似平步青云，对此她幽默地说：“因为我个子矮，所以所有的球对我来说都是高的，都是我进攻的好机会。”

世界刚虚晃一枪，你别掉头就跑

救命的黑点

张小失

1994 年 12 月的一天，16 岁的孙路闵与父亲在新疆的雪原上迷路了。他们从巴里坤哈萨克自治县出发，步行去伊吾县。不料，途中大雪纷飞，整个世界一片混沌。雪停的时候，眼前白茫茫的，走着走着，头脑就开始犯迷糊，不知道哪里是路。

白色象征纯洁，但对于两个在雪原上行走的人来说，却是一种危险——眼睛长时间面对白色，视觉就会产生异常，让你不能相信眼前的一切，仿佛置身一个庞大的骗局中。更糟糕的是，孙路闵在半路上掉进一个陷坑，脚踝扭伤了，一时无法走路。父子俩顿时陷入绝境。离天黑大约还有 5 个小时，他们没有足够的食物，更没有燃料，很难挨过夜晚的严寒。

他们只得坐在一块巨石后等待，眺望茫茫雪原，盼着从哪个方向能忽然出现一个蠕动的黑点，那是希望的曙光啊！10 分钟过去了，20 分钟过去了……什么都没有盼来。孙路闵支撑不住了，问父亲："我们会不会被冻死？"父亲安慰他说："不要紧，这里总还是人世，我就不相信遇不到一个人，或者马车。"

半个小时过去了，父子俩按捺不住，决定继续前进。但孙路闵的脚实在不争气，走了一段，他扑通一声倒下去了。没办法，父亲只好背着他上路。1 个小时后，父亲吃了两个烧饼，再次与孙路闵坐下来，一边休息，一边等待远方能忽然出现一个黑点。看着儿子越来越绝望的表情，父亲狠狠心说："你在这里等着，我去前面打探一下——我就不信！"说完，飞身跑开。

约 20 分钟后，父亲气喘吁吁地回来了，说："儿子，走吧，我们的方向没错，加把劲儿，肯定能遇见人。"说完，背起孙路闵就上路了。

走着走着，孙路闵眼前一亮，大叫道："爸，前面有个黑点！"父亲也看见了，很高兴地说："我说吧，肯定能遇见人的。"但父亲的脚步却不见加快，孙路闵说："让我下来走。"父亲放下他，两个人互相搀扶着前进。10 分钟过去了，黑点还在前面。父亲安慰儿子说："不要急，我估计是辆马车，也在向伊吾县进发，这样，你在这里等着，我去追它回来接你。"

20 分钟后，父亲气喘吁吁地回来了，说："儿子，马车在前面等着，快走吧。"孙路闵欣喜若狂。走着走着，就在孙路闵高兴的时候，父亲发出一声更加喜悦的喊叫："看，终于出现一个黑点啦！"孙路闵不解地向前望去，是的，黑点的前面还有一个黑点。

父亲加快脚步，渐渐抵达第一个“黑点”——一件挑在棍子上的黑毛衣。“爸，这不是你的毛衣吗？”父亲一把拽下毛衣，闷声快速前进。20分钟后，终于追上了一辆两头驴拉的板车。

孙路闵1995年春给我讲了这段经历。当时我也身处绝境——失业了，心情十分灰暗。舅舅瞧不起我不思进取的态度，说：“孙路闵在绝望的时候，只是等待一个黑点；而你，绝望的时候却在等待天上掉馅饼。”

上了二流大学怎么办？

李开复

今天有点儿时间，看到很多同学都提到了“二流学校”的问题，我想总结一个帖子，这样也许会对一部分同学有所帮助。

首先，我们不得不承认二流的学校和一流的学校在很多方面是有些差距的。比如：学校的学习环境、校风、师资力量、教学设备、与国外院校交流的机会，都是名校占优。但是考不进名校、一流院校，不等于你这个人是二流的。不要将自己和学校的优良无端地划个等号，否则就是趋同于你自己、否定自己，承认了一场考试决定了你处于什么水平。

考不上名校的因素有很多。可能是你考试的那个阶段身体不好，考砸了。也可能是你有些偏科，有些科目不错，有些科目没有重视，所以没有考好。也有可能是你不善于临场发挥（我就见过平时成绩超好的人考进了一所很差的院校），又或许是你考试阶段遇到了一件很影响情绪的事情。原因可能多种多样。同样，话说回来，名校的名额就那么一些，结果肯定是，一部分人会考进去，一部分人会被排除在外。人人都考进名校，请问名校还是名校吗？人人都考满分，那和大家都考零分有什么差别？

那么，回到主题。考入了二流学校该怎么办？

师资条件不好，学校环境差，没有发展空间，这些都是外因。关键的内因在你自己的选择。在没有很好的师资条件下，注定你要付出比名校学生更为艰辛的努力（可能是两倍，甚至三倍。说四倍我觉得也不需要，那太夸张了）。如果你自己要求积极成长，是没有人或者事可以随便阻碍你的。没有遇到名师？你想过写信给名师虚心求教吗？据我的经验，往往名师都很谦虚，学生的好学好问，他是不会拒之于千里之外的。他虽然没有亲自教过你，但是你也是他的学生啊，问一个问题有什么不可以的呢？现在很多大学都公布 e-mail 的，你可以写信去问啊。

社会最终都是很实际的。一个顶着名校光环而没有真才实学的毕业生未必比得过一个有很强操作能力（特别是实实在在的东西）的二流学校的毕业生。到了公司单位，不是大家比赛谁的考分高，不是老板给你一张卷子来做，他看中的是你的工作能力（实际为公司创造的财富）。只不过每个专业讲究的“实实在在”的东西有所不同。可能是要求计算机系的同学编写多少行代码，新闻系的同学完成多少次采访，写了多少篇报道。

如果选择的专业不是自己最喜欢的，很多学生往往就此放弃，就此叹息。我觉得没有一点儿必要。你完全可以在保证自身专业科目及格的前提下，去学自己所感兴趣的专业。而且，你可以请教那个系里面在读的学生，你还可以去问那个系里的老师应该看些什么书，他们应该都会告诉你的。这样，你还可以有机会发现很多交叉相关的领域。

当然，名校生是占有优势的。这个问题还牵涉到中国的 HR（人力资源）体系。因为中国的面积很大，而且有很强的区域性划分，很难把问题一概而论，缺乏一个统一的用人体系框架。在这样的情况下，名校生就是初期有些优势。毕竟复旦、交大、北大、清华是所有 HR 都知道的。你说你是某个地方某所小学校里出身的学生，那个 HR 可能不是很清楚那所学校的情况，所以对你有些先入为主的偏见，这很正常。毕竟站在公司的立场，他希望有保障，所以他要优先考虑你的背景和资质是否可以胜任或者是完全超越职位所需的。一旦你能拿出相关的证据（实实在在的东西），那么即便你出身二流学校，你仍然是很有希望的。如果你拿不出，那么坐在你旁边的名校生就凭借名校占了一定优势。在双方都没有实在证据的前提下，那么“读书好”就成了一种支持性的证据，证明他比你优秀。

考入名校固然是好事，但一个大学生最注重的应该是自己解决问题的能力。我们古人的《大学》开篇就是这么写的：“大学之道，在明明德，在亲民，在止于至善。知止而后有定，定而后能静，静而后能安，安而后能虑，虑而后能得。”意思就是说在遇到问题的时候如何解决问题，提出自己解决的方法。遇到了“二流”的问题，你要自己去解决“二流”的问题，如何让自己身处二流学校，但自己不是二流的水平。这才是问题的关键所在。

一个人的成功往往取决于三个因素：持续学习的能力、工作经验和人脉。你去看成功人士往往都具备了这几点。持续学习的能力和学历是有些关系的。随着社会的不断进步，每一天、每一年，或许是每过几年，我们陈旧的知识都会遭到社会无情的淘汰。但有一点是不变的，就是我们从学习这段经历、这个过程当中所学会的思考能力、思维能力、解决问题的能力。所以教育的目的就是培养我们持续的学习能力，可以始终适应社会的需求，在变革当中有自己的解决之道。而工作岗位则提供给我们最直接的学习平台。那个时候，工作的资历、工作所取得的成绩，远远大于学校的排名。人生的前二十二年读书，余下的时间都在工作（在工作中学习）。其实工作中的学习比学校中的更重要，这一点从所占比重当中也已经看出来了。

捷径有时候就是一条弯路

肖华

1950 年，朝鲜战争爆发后，美国五角大楼把所有的军用物资购买计划列为保密文件，这可急坏了一些投资家。因为许多投资家都想预测备战计划对股市的影响，而想正确地预测备战计划对股市的影响就必须知道美国政府对原材料的需求量，特别是对铝、铜和钢材的需求量。

美国国家工业联合会也想知道这些，可是在高度保密的情况下，知道这些简直比登天还难。就在美国国家工业联合会一筹莫展的时候，一个年轻人自告奋勇地站出来，说让他试试。这名年轻人就是格林斯潘，当时他只有 24 岁，还没有从纽约大学毕业，只是为了支付高昂的学费，才来到这个投资机构做兼职调查员。老板实在找不到其他合适的人，只好抱着试试看的心理，让他去了。

要知道美国政府对原材料的需求量，特别是铝、铜和钢材的需求量，只要翻看美国有关的文件就行了，这是一条最便捷的路径。可这是不可能的。正因为如此，在美国国家工业联合会偌大的机构里，虽然人才济济，但没有人愿意调查这一切。怎么办呢？格林斯潘想到了1949年，那时候朝鲜战争还没有爆发，军事会议在开听证会的时候召开，所以没有保密。于是，他花了大量精力研究一年来的新闻报道和政府公告，知道1950年和1949年美国空军的规模和装备基本一致。他从1949年的记录中知道了每个营有多少架飞机、新战斗机的型号、后备战斗机的数量，然后再预计出损耗量。有了这些，就能基本预测出朝鲜战争期间每个型号战斗机的需求量。

知道了每个型号战斗机的需求量，格林斯潘又找来各种飞机制造厂的技术报告和工程手册，一头扎了进去。这对他来说虽然有一定的难度，但通过一段时间的研读，他还是弄清了每个型号的战斗机需要多少铝、铜和钢材等原材料，然后再根据每个战斗机的需求量，轻易地算出了美国政府对原材料的总需求量。

仔细地算出来后，格林斯潘写了《空军经济学》等两篇很长的报告，发表在当时有很大影响力的《经济记录》上。由于他计算出的数字非常接近当时美国政府保密文件里的数字，因此给许多投资者带来了丰厚的回报。

格林斯潘正是凭着这次成功，引起了许多人的关注，也为他以后的辉煌人生打下了坚实的基础。

1987 年格林斯潘任美联储主席，其后 4 次获得连任。任期之长，在美联储历史上极为罕见。更难能可贵的是，在格林斯潘担任美联储主席 18 年多的时间里，美国经济出现了创纪录的长达 10 年的持续增长期，中间只发生过两次温和的衰退。

格林斯潘的这个故事诠释了一个简单的道理：很多时候，看上去最短、最方便的路，并不一定是一条捷径，因为走这条路不一定能成功。相反，一条看上去很弯的路，虽然可能会需要花费很大的精力，但只有这样的路，才有可能让我们到达成功的顶点。捷径有时候就是一条弯路。

人生不团圆

钱红莉

作为一个商人，平鑫涛一生做出的两个选择，都是不折本且狠赚的买卖：一是娶回琼瑶女士；二是独家签下张爱玲作品的版权。曾经，在上海，他叔叔平襟亚也是张爱玲的出版商，后来为一张莫须有的千元稿费单，张爱玲跟他翻了脸。这个叔叔够狠的，竟然把张爱玲便条里的隐私抖搂出来羞辱她。一个单薄的初涉世事的小女子，到底忍了。忍，有时并非吞声，而是以沉默给自己另一条出路，从此桥归桥，路归路，各自走远。

多年以后，辗转定居异国的张爱玲又与这个平姓家族的后辈打起交道来。那些年，都是皇冠出版社零星地给她汇版税，虽然微薄，但也能勉强维持生活。只是，她不能像林语堂先生那样请得起家庭医生，疾病缠身时，需要跟受照顾的美国底层人民一起去排队就医。她曾经在信里跟至交抱怨过，一点儿时间都花在排队候医上了，以致时间被切割得支离破碎，不能系统地读书写作。这种囿于身体之困而灵魂不能奋飞的痛苦，像钝刀一样，足以让人委败。

一个人到后来竟然输给了疾病——谁没有过染病候医的经历：一切都是死寂的，没有生机的，人枯坐在冷冰冰的走廊，心思哀凉，怎么还没到我？怎么还没到我？好不容易候到，惜字如金的医师几句话把你打发，仿佛兵荒马乱之时，在街头遇着了，多一句也不能问，丧家犬般手持药方一楼一楼地寻药，然后，一日日吞食下去。人生的苦，不知比良药的苦要苦多少倍。这是她晚年以后仅有的一次自怨。另有一次当在盛年，赖雅病瘫，她独自一人回香港写剧本筹钱治病，也曾在书信里自怨过自己像狗一样累，结果什么也没得到……

就是这样一个在文字里光芒四射的人，彻底被俗世生活击倒，连翻身的机会也找不着，活得尚且不如一个平庸的妇人。张爱玲感到自己将不久于人世，便把所有的手稿都托付给宋淇夫妇，并且叮嘱他们将一部未完的长篇销毁。小说名叫《小团圆》，创作于20世纪70年代初期，后来没有坚持下去，便搁下了。到了90年代初期，她又重新捡起来，并且一直跟平鑫涛通信，说是一定要写出来，不辜负读者的期待云云。她原本是想与《对照记》合在一起出版的，后来考虑版本太厚，不合适，又抽了出来。这部书稿一并被寄至宋淇夫妇处。宋淇死后，其子依然不舍得销毁，被平鑫涛得知，拿回去锁在保险柜里几十年。到如今，终于推出。

平鑫涛保险柜里捂的分明是金子，随着时光的流逝，越发光彩夺目。商人从来不做折本的买卖，一如几年前的《同学少年都不贱》。主人原本没有公开发表的欲望，到后来还是熬不过时间和死亡，一切都不能由自己做主了。张爱玲如此，我们也如此，何尝掌控过人生？人一生都是被命运推着走的。

当年，去美国之前，张爱玲也曾辗转到过日本。买一张船票，耐心地坐在缓慢的轮船上，仿佛一个世纪之久，向彼岸投奔好友炎樱——她原本计划着把理想落脚在东瀛去实现，可是最终并未如愿，还是回来了。我看她后来发表在台湾某杂志上的《重返边城》，有大段船行海上的描述，那么枯燥而无序。在渺茫的海上，人最有身世之感——命运不可测，一切都是未知的。对一个情感刚刚受到重创的小女人而言，她的内心是多么经不起一击再击？即便有些时候，她在内心深处是一个伟丈夫。她可以做到不恨，拿出十几万的稿费接济胡兰成，甚至后来，毫不迟疑地拿出首饰让范秀美当掉，去支付堕胎费用——胡兰成从一开始就吃准了她，知道她不会拒绝。张爱玲看似浑然不知，其实她心里明镜似的，不过是不屑计较罢了。连感情都失去了，谈何其他？能帮则帮，好歹夫妻一场。在这方面，张爱玲特别舍得，但对自己唯一的胞弟似乎苛刻得多。当年，张家那么大的家业被张廷重悉数败尽，很多房屋贱价卖掉，最后儿子相亲时连女方要一块手表的钱都拿不出来，结果终身未婚。这样的父亲哪里值得尊敬？20 世纪 80 年代，弟弟辗转通过海外关系，找到姐姐，在信里大约诉了一点儿难处。但见姐姐在回信里斩钉截铁地回绝，可能那时真的窘迫，不然，连别人的堕胎费用都肯出，何况自己的亲弟弟呢？

这都是题外话。对于《小团圆》，一如既往的我们，一如当年地充满期待，就像好奇当年的《同学少年都不贱》——虽然语言上，早已削弱了当年的华彩，但到底还是属于她的东西。一代代读者跟着她的作品默默成长着，到后来，无一例外地删繁就简起来，在内心把自己塑造成一棵树，到了人生的秋天，卸下所有美荫，徒留光秃秃的苍天，天蓝得让人想自杀。所有的写作到后来都是敞开的，内心不再被遮蔽，力求以最简单的语言准确地到达，所谓从深处来，到远处去。

人生是经不起失望的。我们何尝不对张爱玲失望过？但人生永远不会有团圆的那一天。一味追问生存的意义，都是虚无的，我们还不如去关注一棵小草的繁衰荣枯，它应该知道世界的秘密所在以及生存的意义。如果写作是一种倾诉，那么怎样才能获得真谛？

一个女孩儿说：女人做了母亲，就再也写不出伟大的作品。也许是真的，从此有了俗世的牵绊。简·奥斯汀、玛格丽特·尤瑟纳尔、卡森·麦卡勒斯、张爱玲……这些女人，她们的俗世人生一律残缺不全，但在精神领域，每一步都是险境，走得分外孤绝，从而写出一批批伟人的作品。

如果、假如、倘若真的如此，我们宁愿选择平庸的一生，以度得一个团圆美满。

穷人的女儿谢谢您了

梁晓声

第一次见到她，是在一月下旬的一天，刮着五六级的风。家对面，元大都遗址上的高树矮树，皆低俯着它们光秃秃的树冠。偏偏十点左右，商场来电话，通知安装油烟机的师傅往我家来了。

前一天我已将旧的抽油烟机弃在楼口了。出门接安装抽油烟机的师傅时，见到一个十一二岁的女孩儿，站在铁栅栏旁。我丢弃的那台脏兮兮的抽油烟机，已被她弄到那儿。并且，一半已从栅栏底下弄到栅栏外；另一半，被突出的部分卡住了。

女孩儿正使劲踩踏着。她穿得很单薄，衣服裤子旧而且小。脚上是一双夏天穿的扣襻布鞋，破袜子露出脚面。两条齐肩小辫，用不同颜色的头绳扎着。她一看见我，立刻停止跺踏，双手攥着一根栅栏，双脚蹬在栅栏的横条上，悠荡着身子，仿佛在那儿玩的样子。那儿少了一根铁栅，传达室的朱师傅用粗铁丝拦了几道。对于那女孩儿来说，钻进钻出仍很容易。分明，只要我使她感到害怕，她便会一下子钻出去逃之夭夭。为了不使她感到害怕，我主动说："孩子，你是没法弄走它的呀！"

她却说："是一个叔叔给我的。"接着，又开始用她的一只小脚跺踏。

我说："是吗？"

她说："真的。"

我说："你可小心……"

我的话还没说完，她已弯下腰去，用手捂着脚腕儿了。

破裂了的塑料是很锋利的。

我说："唉，扎着了吧？你要这么脏兮兮的东西干什么呢？"

她说："卖钱。"其声细小。说罢抬头望着我，泪汪汪的，显然很疼。接着低头看自己捂过脚腕儿的小手，手掌心染血了。

她又说："我是穷人的女儿。"

她的话使我那么始料不及，我张张嘴，竟不知再说什么好。商场派来的师傅到了，我只好引领他们回家。他们安装时，我翻出一片创可贴，去给那女孩儿。却见她蹲在那儿哭，脏兮兮的抽油烟机不见了。

我问："哪儿去了？"

她说被两个蹬平板车收破烂儿的大男人抢去了。说他们中的一个跳过栅栏，一接一递，没费什么事儿就成他们的了……

我问：“能卖多少钱？”

她说：“十元都不止呢。”说完，哭得更伤心了。

我替她用创可贴护上了脚腕的伤口，又问：“谁教你对人说你是穷人的女儿？”

她说：“没人教，我本来就是。”我不相信没人教她，但也不再问什么。我将她带到家门口，给了她几件不久前清理的旧衣物。她说：“穷人的女儿谢谢您了，叔叔。”

我又始料不及，觉得脸上发烧。我兜里有些零钱，本打算掏出全给她的，但一只手虽已插入兜里，却没往外掏。那女孩儿的眼，希冀地盯着我那只手和那衣兜。

我说：“不用谢，去吧。”

她单肩背起小布包下楼时，我又说：“过几天再来，我还有些书刊给你。”

听着她的脚步声消失在外边我才抽出手，不知不觉中竟出了一手的汗。我当时真不明白自己是怎么了……

四五天后的一个早晨我去散步，刚出楼门口就看见了她。仍在第一次见到她的地方，她仍然悠荡着身子在玩儿似的。她也同时看见了我，语调亲昵地叫了声“叔叔”。而我若未见她，已将她这一个“穷人的女儿”忘了。

我驻足问：“你怎么又来了？”

她说：“我在等您呀，您不是答应再给我些您家不要的东西吗？”

我这才想起对她的许诺，搪塞着说：“挺多呢，你也拎不动啊！”

“喏——”她说，并朝一旁翘了翘下巴，一个小车就在她脚旁。说那是“车”，很牵强，只不过是一块带轮子的车底板。显然也是别人家扔的，被她捡了。

我问她：“脚好了吗？”她说：“还贴着创可贴呢，但已经不怎么疼了。”之后，一双大眼瞪着我又强调说：“我都等了您几个早晨了。”

我说：“你得知道，我家要处理的东西，一向都是给传达室朱师傅的。已经给了几年了。”我的言下之意是，不能由于你改变了啊！

她那双大眼睛微微一眯，凝视我片刻说：“他家里有个十八九岁的残疾女儿，你喜欢她是不是？”

我不禁笑着点了一下头。“那，一次给她家，一次给我，行不？”她对我进行劝说道。我又笑了。我说：“前几天刚给过你一次，再有不是该给她家了吗？”

她眨眨眼说：“那，你已经给她家几年了，也多轮我几次吧！”

我又想笑，却怎么也笑不起来了。心里一时很酸楚，替眼前花蕾之龄的女孩儿，也替她那张能说会道的小嘴。

我终不忍令她太过失望，第二次使她满足……

我第三次见到那女孩儿，已临近春节了。

我开口便道：“这次可没什么东西打发你了。”

女孩儿说：“我不是来要东西的。”她说从我给她的旧书刊中发现了一个信封，怕我找不到着急，所以接连两三天带在身上，要当面交给我。那信封封着口，无字。我撕开一看，是稿费单和税单。

她问：“很重要吧？”

我故意说：“是的，很重要，谢谢你。”

她笑了，说：“咱俩之间还谢什么。”

她那窃喜的模样，如同受到了庄严的表彰，而我却看出了破绽——封口处，留下了两个小小的脏手印儿。夹在书刊里寄给我的单据，从来是不封信封口的。

好一个狡黠的“穷人的女儿”啊！她对我动的小心眼儿令我心疼。

“爸爸是干什么的？”我问。

她略一愣，遂低下了头。我正后悔自己不该问，她抬起头说：“叔叔，初一早晨我会给您拜年。”

我说我也许会睡懒觉。她说那她就等。说您不会初一一整天不出家门呀。说她连拜年的话都想好了：叔叔吉祥如意，恭喜发财！

“叔叔，我一定来给您拜年！”说完，猛转身一蹦一跳地跑了。两条小辫上扎的红绫像两只蝴蝶，在她左右肩翻飞……

初一我起得很早。我挺希望初一一大早走出家门，一眼看见一个一身簇新、手脸洗得干干净净、两条齐肩小辫扎得精精神神的小姑娘，快活地大声给我拜年：“叔叔吉祥如意，恭喜发财！”尽管我不相信那真能给我带来什么财运……

一上午，我多次伫立窗口朝下望，却始终不见那“穷人的女儿”的身影。

下午也是。

到今天为止，我再没见过她，却时而想到她。

每一想到，我便不由得在内心默默祈祷：小姑娘，吉祥如意，恭喜发财！

挺住意味着一切

郭灿金

一

唐太宗的朝堂之上可谓群星闪烁，人才济济：长孙无忌、杜如晦、房玄龄、尉迟敬德、秦叔宝……他们要么是李世民的创业班底，要么是李世民的长期合作伙伴，要么和李世民有姻亲关系，和他们相比，魏徵无法不自惭形秽。

虽然唐代并不十分讲究门第出身，但出身名门望族依然是可以傲视他人的原始资本。当然，一个人的出身无法选择，退而求其次，那就要看一个人的“出处”，也就是政治身份。所谓英雄不问出处，那是掌握话语权的人做贼心虚之时的自我安慰。所以，一个人要想在风云变化的朝廷之上站稳脚跟，要么同时具备良好的出身和出处，要么二者居其一。但是，魏徵既无良好的出身，也无过硬的出处。而且，在和李世民相遇之前，魏徵的个人信用几乎丧失殆尽。

魏徵出身河北巨鹿魏氏，要说也算是北齐之名门望族，其父曾任北齐屯留令。只是魏徵时乖命蹇，在距他出生还有三年之时，北齐就被北周消灭了；在他刚满一周岁之时，北周又被杨坚的隋朝取代了。连续的改朝换代，连续的政治洗牌，生生地把原来勉强称得上望族的魏氏弄成了寒门。因此，对魏徵来说，所谓的名门望族只是一个可供自己精神胜利的温暖回忆而已，他从来没有从中得到过一丝一毫的实惠。“宁为太平犬，不为乱世人”，对此，魏徵算是有了深切的体会。后来里尔克总结道:“哪有什么胜利可言，挺住意味着一切！”

挺住挺住再挺住，是魏徵的生活信条。他先后或主动或被动地改变了五次主人:先投举兵反隋的武阳郡丞元宝藏，接着服侍瓦岗寨首领李密，后随李密降唐效力于李渊，不久因被俘开始效命于另一个义军首领窦建德，窦兵败后，魏徵开始作为主要谋士奔走于李建成的鞍前马后，在此期间，他曾为李建成献出了及早动手除掉李世民的毒计。

可以这样说，在李世民的文臣武将之中，像魏徵这样一生几易其主、数跳其槽的人并不多见。我们无法想象魏徵将如何面对世人，面对新的主子李世民。

李世民干净利落地干掉李建成之后，所有的人都知道魏徵这次玩儿完了。果然，李世民刚坐稳位子，马上就把魏徵喊来痛骂:“你这个垃圾，当年为何明目张胆离间我兄弟感情？”可以想见，当时的场景多么恐怖——秋后算账的时候到了，魏徵似乎已在劫难逃！谁知魏徵却不卑不亢，从容地说道："当日皇太子若听从我的劝告，哪会遭逢今日之祸？"面对作为胜利者出现的李世民，魏徵居然连一点儿悔过的表示都没有，反而在公共场合大放厥词，岂有此理！然而，出乎所有人的意料，面对死不悔改的魏徵，唐太宗居然"为之敛容，厚加礼异，擢拜谏议大夫。数引之卧内，访以政术"。

魏徵的回答看似狂傲、扯淡，却是当时情景之下他的唯一活路：他如果痛哭流涕地忏悔，或者无原则地自我贬低，反而会让唐太宗满怀厌恶地将他杀掉。于是，他反其道而行之，大肆标榜自己的先见之明，同时又巧妙地道出了李建成不听良言、自己怀才不遇的基本事实，而这一切又都是为了衬托李世民的伟大，李世民胜利的必然。因此，在关键时刻，魏徵以自己的才华保住了自己的性命，同时更赢得了李世民的青睐。

即使如此，魏徵仍然不免遭人非议，时人曾经骂魏徵"有奶便是娘"。李世民面前的第一红人、朝臣中的当权派长孙无忌曾语带讥讽地对魏徵说："当年您可是李建成的心腹大将，和我们势不两立，没有想到今日居然同席饮酒。"可以想象，魏徵当年是面临着多大的道德和舆论压力。

虽然魏徵靠"纵横之说"保住了自己的性命，但是如果不能百尺竿头更进一步，他的人头仍然随时会被那帮虎视眈眈的前政敌们给砍掉当夜壶用。和那些自恃功勋卓著的同僚相比，魏徵的唯一优势就是"纵横之说"，所以他也只好一条道走到黑，充分发挥自己的特长，将"纵横之说"推演至极致。

二

挺住，除了挺住还是挺住！这才是魏徵能够成功的所有秘诀。魏徵将挺住发展成为自己的信念和生活信条，坚持了终生，并将之发展成为一种为官艺术。

魏徵先声夺人，他充分利用李世民对他刚建立起来的好感，利用自己的纵横特长，大大方方地和李世民来了个中国人最易误解的文史常识方面的词义辨析——“忠臣”与“良臣”的本质差别：能辅助君主获得尊贵的声誉，让自己获得美名，子孙相传，福禄无疆的臣子是“良臣”；而自身遭受杀戮之祸，又让君主背上陷害忠臣的恶名，使“小家”和“大家”都遭受损失，只留下空名的臣子是“忠臣”。这是古人最擅长的“正名”。魏徵以其精到的词义辨析，给李世民下了个大套——从今天开始，我将正式启动“纵横”程序——尽情进谏。因此，我的脑袋随时有可能搬家，你如果杀我呢，就是让我成为“忠臣”；你如果不杀我呢，就是让我成为“良臣”。让我成“良臣”，咱们双赢；让我成“忠臣”，咱们双输。魏徵这一定位很可怕，他将自己置于道德高地之上，从而让唐太宗处于守势。

之后，魏徵更上一层楼。他巧妙地说：“陛下导臣使言，臣所以敢言。若陛下不受臣言，臣亦何敢犯龙鳞、触忌讳也？”你看，魏徵的应对总是如此得体！

在李世民的朝堂之上，魏徵以其纵横术开始了纵横驰骋。他把整个朝廷变成了自己唱独角戏的地方。于是，我们看到了一个成功的“持不同政见者”的形象：

后妃越礼，他犯颜直谏；太子越礼，他犯颜直谏；皇上想去泰山封禅，他依然犯颜直谏……直谏成了魏徵生存的武器，成了他邀宠的法宝，以至于李世民有一天情不自禁地说：“人言魏徵举动疏慢，我但觉其妩媚。”玄武门之变后才开始效忠唐太宗的魏徵，终于达到了事业的巅峰。唐太宗以皇帝的身份总结道：“我当皇帝前，功劳最大的是房玄龄；而我做了皇帝之后，功劳最大的非魏徵莫属。”魏徵终于可以在同僚面前挺直腰板了。

三

几十年光阴如白驹过隙，魏徵说老就老了。魏徵生命垂危，唐太宗前去探望。面对皇帝关切的目光，魏徵再次显出纵横家的本色，他对身后之事没提任何要求，只是气若游丝般地说出了：“嫠不恤其纬，而忧宗周之陨。”

此话怎讲？翻译成现代汉语就是，寡妇不在意自己织布的进度和质量，而担忧国家的前途和命运。魏徵临终前的这一句话让唐太宗声泪俱下，百感交集。之前，唐太宗就将自己的二女儿衡山公主许配给了魏徵的儿子魏叔玉，只是尚未正式举行大婚仪式。当唐太宗听到魏徵的这句话后，他马上将衡山公主召到了魏徵的病榻前。唐太宗感伤地对魏徵说：“亲家翁，请你最后看一眼你未来的儿媳妇吧！”只是此时的魏徵虚弱得连感谢皇上的话都无法说出了。皇上前脚刚刚离开，魏徵就驾鹤西游了。

魏徵死后，唐太宗一改惯例，亲临魏府向魏徵的遗体告别。在魏徵的追悼会上，唐太宗即席发表重要讲话，高度评价了魏徵的一生，并将魏徵定位为伟大的忠君者和伟大的批评者，称赞他是帝国的骄傲，认为魏徵的死是帝国不可弥补的损失。官方所公布的唐太宗对魏徵的评价如下："以铜为镜，可以正衣冠；以古为镜，可以知兴替；以人为镜，可以明得失。朕尝宝此三镜，用防己过。今魏徵殂逝，遂亡一镜矣。"

魏徵可谓备享生荣死哀。

然而，一个人不可能将所有的一切都做得如此尽善尽美。魏徵生前曾经力荐过杜正伦和侯君集，认为他们有宰相之才。因为魏徵的推荐，杜正伦被提拔为兵部员外郎，后又改任太子左庶子；侯君集也官至检校吏部尚书。魏徵死后，他们两人都因牵连到太子李承乾密谋造反事件之中，一个被流放，一个下狱被杀。

荐人失当，魏徵难辞其咎，世人甚至推测，魏徵此举有暗结同党之嫌。魏徵在唐太宗心中的高大形象，第一次打了折扣。让李世民更郁闷的还在后面：有人作证，魏徵谏诤唐太宗的奏章，都自己偷偷地录下副本，交给了史官褚遂良，以求录之国史——他是只顾自己名扬千载，却不顾此举会给君主抹黑。魏徵的形象因之轰然倒塌，盛怒之下的唐太宗不但令人毁掉了自己给魏徵题写的碑文，而且还取消了衡山公主和魏叔玉的婚约。

这对以独到的深厚关系而著称的著名君臣，其最终的结局不过如此。

一名女工的学术梦想

从玉华

每天出门前，57 岁的上海退休女工王炼利一定会涂上口红，把自己收拾得干干净净，哪怕只是去菜市场买菜。

下 6 楼，右转，经过树荫下一群剥毛豆、逗孙子、扯着家长里短的退休老太太，她总是瞅都不瞅一眼，匆匆地从她们身边走过。“我不属于她们，至少在精神上。”她说。事实上，“属于哪个群体”这个问题一直困扰着王炼利。退休后，她写了几篇经济论文，开了一个关于经济学的博客，逐渐在经济圈里赚到一点儿名声。在公开场合，她喜欢被人称作“王老师”，尽管她只在学校读到初中二年级。

她是一个开了 17 年车床的退休女工。从 1968 年第一天上班开始，

17 年里，她的工作就是在车床边，一手摇手柄，一手用模具制作各种圆形的东西。至今，她的大拇指都力气奇大。

如今，这名退休女工仍住在住了 20 多年的房子里，沙发、书柜、缝纫机挤满了不到 10 平方米的客厅，纸箱、皮箱一直堆到天花板。退休后，第一个月拿到 865 元退休金的王炼利很清楚，自己其实跟楼下的大多数退休工人没什么区别，仅能过上“小虾小螺”的日子。

但她并不甘心。从一开始，她就不愿意接受“小人物”的命运。她从小的理想是当政治家，刚上初中，就跑到华东政法学院，看国际政治系是什么样。她天生对政治、外交这些“大事”感兴趣。12 岁那年，她甚至一个人跑去上海青年宫看秋瑾的血衣。她崇拜“英雄”。

只是和大多数普通人一样，生活没有给她实现理想的机会——“文革”中止了她的学业，尽管她学习很好。16 岁那年，这名少女进入了上海一家大型造船厂当车工，政治家的梦想被日日轰鸣的机器一点点碾碎。

书籍成了她寂寞岁月中唯一的安慰。她偷偷借读《复活》《安娜·卡列尼娜》，到上海交大找到内部供应的周一良编的《世界通史》，甚至自学了代数、几何。也因为爱读书，有人背后称她“精神病”。

1977 年，女工王炼利在刚恢复的高考中考了高分，但因政审不合格，她不得不再次回到机器旁。此时，她的理想已经变得很现实：离开车床，不再做“圆疙瘩”。8 年后，生性好强的她通过了 17 门课程的自学考试，成了有着四五千人的造船厂里第一个靠自学取得大专学历的工人。

1988年，王炼利换了工作，干起了工程预算、审计，整天跟数字打交道。她发现数字“像艺术一样迷人”。

她成了数字迷，经常出没于旧书店，搜寻老数据。每次到北京，她都要到三里河国家统计局旁边的一家专业书店，买大本大本的各种年鉴，收集数字。

这些数字，开始改变她的命运。1994年，被称为“全厂审价一支笔”的她因为不肯在一份工程决算价只有10万元却报价100万元的决算书上签名，被迫从国营船厂辞职。此后，她在其他私营企业、上市公司辗转，所从事的工作都离不开“用数字说话”。

到2004年，她关于房地产、国企改制等问题的经济论文先后发表。瘪了多年的理想气球，又渐渐鼓胀起来。有人甚至称她是“民间经济学家”。

2002年冬天，当王炼利退休时，80多岁的婆婆原指望她多承担点儿家务，可她却更忙了，成天在屋子里演算。

起初，王炼利的文章并不受内地媒体重视。于是她转而把论文投到香港，甚至放到网上。她举贤不避己，经常给著名学者写邮件，“兜售”自己的观点。凭着这样一种锲而不舍的劲头，她的论文在圈内渐渐有了一定影响，博客的点击率日渐增多。慢慢地，她结交了一些经济界的“主流学者”。

她称自己“也许是中国最著名的退休女工”，希望自己的文章能变成传世之作。然而她的家人丝毫不觉得她“著名”。她的论文，她老公一个字也没读过，她的儿子也称“读不下去”。

在热衷谈房子、股票、赚钱的亲友圈里，大家笑她做这些事“虚无缥缈，不来钱”，更不理解她经常花 3 个小时到图书馆，复印一次资料要花 200 多元的举动，认为她实在“拎不清”。

按她的解释，做这些事最直接的原因是，她必须拿出数据说真话，以反驳某些官员的“谎言”。电视上说，上海人均居住面积提高了多少多少百分点，她会“啪”地把电视关掉，因为“那是假的”。

她从巴金的追悼会上回来后，更坚定了自己在这条路上走下去的决心。

1967 年第一次见到巴金时，王炼利在离巴金仅几米远的地方高喊：“打倒巴金！”38 年后，再见巴金时，老人安静地卧在玫瑰丛中，系着鲜红条纹的领带，永远睡着了。在无数的挽联中，她记住了一个：“用忏悔拒绝遗忘，以真话抗拒谎言。”她握着一个巴金闭着双眼的木刻像，走出殡仪馆，暗暗下定决心说：“我一定说真话，一定。”

然而，一名退休女工要在学术圈说出真话并不容易。她深感在中国，学术研究已被当成待遇，而不是工作。搞学术研究成了“高层次”人的专利。

偶尔，王炼利也会受邀参加一些学术会议。有一次，她参加中国房地产税务工作研讨会，在介绍与会者的资料上，她被写成了“北京大学经济研究中心研究员”，很多专家学者都对她示好，称她“王老师”。但当她在发言完毕及时对身份做了更正后，“一些专家、学者的脸变得比 6 月的天还快”。

她甚至破天荒地被邀请到复旦大学百年校庆的讲台，与她同台演讲的是世界名校的教授、渣打银行的高级经济学家。不过，当翻译介绍她时，说的是研究员，而不是“退休女工”。“说到底，复旦还是在乎我的身份的！”她叹了口气。

真正以“女工”身份登上清华大学的讲台，在她看来，那是值得她终生纪念的日子：2007 年 11 月 19 日。清华大学公共管理学院的一位教授知道她的身份，就邀请她给研究生班讲了两个多小时的课。她第一次真正成了“王老师”。

当然，王炼利明白：这样的邀请，纯属这位教授的个人行为，校方并不知情。

即便如此，她也知足了。10 年前，她第一次到北京，站在从小就向往的北京大学门前。门口站着保安，她不敢进去。她怕保安问她是干啥的，那样，她就得回答“女工”两个字。她暗暗发誓：自己终有一天要进北大，但不是这样进去。

“北大没进，进了清华，也不错！”她笑着说。

偶尔，她也会感念“女工”身份带给她的一点儿幸福感。因为“女工”，她被人小心地称作“自由学者”。她也足够“自由”，不用服从老师的观点，不用担心越了门派，也不用在乎主流不主流，而只在乎“对不对”。

“女工”的身份还帮助她完成了基层的市场调研。为了弄清楚保险行业的一些黑幕，她假装想当保险推销员，参加了两三个月的保险经纪人培训。后来，她就此写的关于保险的文章，被挂在一些保险公司的网站上。

但更多时候，她对“女工”的身份感到无奈。她的名片“空荡荡的”，没有职称、单位，只有名字、电话。她说，郎咸平的名片也这样，但人家是名人，完全有资格空着，而自己实属无奈，难道名片上写“退休女工”不成？

这名被称为“工人经济学家”的退休女工，一心想成立一家依托数据的咨询公司。她开口谈的，是如何给民营企业指出“致富的路”；她写的文章，论述的是解决千万人住房问题的大道理。

她并不回避自己想“致富”的迫切心愿。她甚至很在乎“儿子结婚的房子是女方给的”。当然有时她也感到“自卑”，因而从来不会邀请经济学家朋友到自家的小客厅“坐一坐”。

给 18 岁以下的你

陈文茜

现在的你或刚进大学校园，或仍在等待一关又一关的测试，期待着梦想中的校园。然而，2008 年 9 月源自华尔街的金融海啸，让台北或高雄的你，开始对未来充满迷惘。4 年后人生将是什么样？10 年后世界又是何种风貌？

18 岁，刚冒了青春痘没多久，你本打算丢弃从小背腻的书包，好好享受人生。如今金融海啸一来，全世界的“国骂”加起来都不足以缓解你心中的彷徨。4 年后有工作吗？台湾还是那个台湾吗？你做错了什么？为何被迫承担这一切？

18 岁，有些人已走了很长的路。18 岁，林语堂刚离开福建鼓浪屿，前往上海圣约翰大学就读。林语堂本是福建漳州附近一个小村落龙溪的“土孩子”，改变他一生的，是父亲从小给他的国际视野。破落的龙溪乡下，有一位长老教会的牧师，自小以中英文教导他的儿子，并谆告他“长大一定要念世界一流大学”。自幼起，林语堂即离乡寄读鼓浪屿中小学。在一个动乱的中国，一个看起来毫无希望的乡下孩子，忍受着童年的孤独，借由一块偶然开放的钢琴之岛（鼓浪屿别名），与世界悄悄联结。他的同学里有英、法、葡、西等各国领事的小孩儿，林语堂没为他的孩提时期留下太多记录，唯一铭记在心的是父亲的话，大海的另一边是另一个世界，“要读世界一流大学”。后来林语堂实现了父亲的梦想，先留美于哈佛，再留德。他是世界上第一位《纽约时报》畅销书排行榜华人作家，其作品《生活的艺术》，文字行云流水，幽默风趣，连登“纽时”榜首 52 周。严格地说，他的文学造诣比不上同一时代的鲁迅、沈从文、张爱玲，但他在世界文坛的名声远远超越同辈，只因他拥有的世界观以及擅长以英文书写的能力。

18 岁，霍金还在足球场上奔驰。他没料到数年后，自己罹患肌肉萎缩症。就读英国牛津大学博士班时，他的脑神经已开始明显受损，一天比一天不会说话，一日比一日手脚萎缩，直至我们今天看到的样子，蜷曲于特殊设计的轮椅。霍金 25 岁后只能通过合成器发音，与世界甚至宇宙沟通。18 岁时的他，及时抓紧了青春，满街追逐女生、踢足球。他一生相信，这世界最大的谜就是宇宙与女人。他常常阅读完爱因斯坦的物理著作，左手一搁，右手就拿起王尔德的文学作品，探究那女人究竟是怎么回事。

18 岁，巴菲特已卖过口香糖、二手高尔夫球、爆米花；买进股票，赚了一笔又赔光；并且当过送报生。他不喜欢一般的劳力工作，但热爱送报生的生活。他拥有一条送《华盛顿邮报》的路线和两条送《时代先锋报》的路线，两报观点一左一右。每天送报前，他总是同时阅读支持罗斯福与反对罗斯福的新闻论点，然后沿途“一个人工作，自己想通某些事”，除非那个路段“有只恶犬”。巴菲特出生于1930年8月，算起来他娘怀胎时正是1929年10月大股灾前后；更倒霉的还在后头，他11岁时的某个星期天，一家人刚做完礼拜开车返家，广播突然插播了日本袭击珍珠港的消息，车上一阵骚动。从收音机中巴菲特得知美国对日本开战，更大的灾难要来了。父亲是巴菲特心目中的大人物，为了反罗斯福，还曾绝望地投入一场必输的众议员竞选。母亲会弹管风琴，但平时只要一开口，对孩子尽是负面攻击语言。巴菲特传记作者发现他常大谈自己的父亲，或父母亲，但绝不单独提到母亲。他的友人则回忆，巴菲特自小蒙受母亲的语言羞辱，这是他长大后既需他人安慰，又冷静无情的原因。一个没有太多爱的孩子，对世界拥有很多梦想，但没有不切实际的幻想。对巴菲特而言，如果母爱都不可信赖，长大后谁能轻易信赖？冷静看“财报”，一切“眼见为凭”。这是股神的童年故事，时代与家庭让一个18岁的孩子过分早熟，但也学到了50岁的人都学不到的人生智慧。

18岁的你是健康的，而世界的经济是生了病的；18岁的你是青春的，而台湾的政治是衰老的。18岁，学学林语堂，爱你生长的地方，了解你受教的文化，但别被故乡拴住一切，勇敢地往前走，到更大的世界去探索。18岁的你，学学霍金，及时享受青春的美好，人生有太多不测，别尽苦恼华尔街发生了什么事，去抓住青春的尾巴吧，热爱你的生命；18 岁的你，学学巴菲特，把童年的遗憾当作人生历练，愈唠叨的妈愈能历练冷静抗压的投资之神。

我 18 岁时，世界正历经第一次石油危机。卫生纸遭囤积，色拉油也被厂商炒作，价格涨了 10 倍。上厕所用纸擦屁股都是很奢侈的，今天想来，还真觉有趣。我最遗憾的是 18 岁前没把英文学好，无法以英文书写；没环游世界，趁年轻闯荡天涯。最高兴的是大一念民法亲属篇，知道女人一嫁，什么都没，并预知法律不适合我，毕业后早早转行。

歆羡年仅 18 岁的你。

现代生活风险

姬十三

生活充满风险。作为一个小民，你承受的生活风险，往往来自交通意外、台风、注水西瓜和手机等，毫不悲壮。

是的，还有手机。2006 年，曾经有一个图文并茂的帖子风行于各网站，说俄罗斯人做了一个实验，将生鸡蛋放在陶瓷杯里，两侧各放一部手机，让它俩“通话”65 分钟，结果这个可怜的鸡蛋就不可逆转地被煮熟了。

作为一个鸡蛋，它的下场通常是被吃掉，至于是被锅蒸熟，被温泉烫熟，还是被手机煮熟，相信都没有太大的区别。可是很自然地，读者怜香惜玉地、感同身受地看到自己同鸡蛋面临类似的凶险——尽管我们的脑袋似乎蹦不出小鸡，煮起来也未必像鸡蛋那么容易熟。

好在这是一场虚惊。不久以后的报道辟谣说，这不过是个高科技玩笑。有专家发言，还有富于实验精神的记者亲自考证——当然是用鸡蛋。专家讥讽说，各位看官的脑子不用煮都是坏的，所以才会相信这种鬼把戏。

但是，如果专家都出来唬人，你就不好判断到底是谁的脑子坏了。有媒体援引 2006 年 6 月 24 日刊出的《英国医学杂志》上的一篇文章，称雷雨天不得在户外使用手机，否则可能遭受雷击。这真是手机经销商的又一噩耗。

来自伦敦西北部诺斯威克公园医院的 3 位医生报告了一个骇人听闻的故事。有位 15 岁的英国少女曾遭受雷击，虽然侥幸捡回性命，却留下了很多后遗症。一年之后，她只能靠轮椅活动，身体、认知和情绪都出现了问题，左耳鼓膜出现穿孔，以致该侧听力受到损伤。原因只不过是她在雷雨天使用了手机。

这真是个值得吸取教训的故事——不过说起来，在雷电交加的一刹那，要恰到好处地掏出手机并不是件容易的事。英国医生继续解释说，这起事件可不是因为手机的辐射太高。通常情况下，当受到雷击，人体皮肤的高电阻会令雷电跨过人体，致死率很低，但是当高导电的材料例如金属手机正巧与人体直接接触，就为雷电直接穿过人体提供了一条捷径，会造成内伤。

听起来，这是个不错的警告。可惜它并未说明为什么祸首只是手机，不免教人狐疑。

难道就没有人在听 MP3 时遭受不幸？如果我在雷雨天穿着暴露，

骑上自行车，还带着金属项链，跑到公园去赌硬币，结果会如何？不管怎样，这则故事令我意识到生活的凶险：你不可以在雷雨天求婚，即使求了，也得小心不要送戒指；雷电交加时还不适合带着金属框眼镜外出散步……夏季真是不适合从事各种运动啊！

关于手机的科学传闻还在继续，可惜可信度依旧不高。意大利曾有研究者发现，手机辐射会刺激临近的大脑皮层并令之兴奋。让志愿者连续打 45 分钟手机（不晓得有没有煮熟一点儿），同时用颅刺激器监测其大脑活动，结果发现其中 12 人靠近手机的皮层运动区出现兴奋。这则严肃的科学报道听起来更像一场闹剧——不知道志愿者被安排与什么人打 45 分钟手机，如果是情人或仇人，恐怕被激活的脑区多了去了。英国政府的一位辐射研究专家评论说："科学研究的结果得能被重复才算数，不过，那些关于手机影响认知功能的研究，常常无法重复。"

研究归研究，专家们依旧乐此不疲。于是我们很欣慰地看到现代生活的一大特征：专家和媒体经常出来苦口婆心地唬人，生怕你不明白安全活着有多么不易。

两个错误加起来，永远不能制造出一个正确

我把自己解放了

潘石屹

在迈入 2007 年的时候，我做了几件事，做完这几件事后我彻底地解放了，摆脱了这些事情对我多年来的折磨。

第一件事：多年来，总有一些当年的好朋友、好同学、同事等以各种各样的理由跟我借钱，以解决他们眼前的困难和问题。但借完钱之后有些人就消失得无影无踪，联系不上了，有个别的甚至 10 多年时间都没有再联系上。每当想起他们跟我借钱时的承诺，我的内心就有大大的上当受骗的感觉。而让我觉得受伤害最深的，不是被借走的钱一去不复返，而是这样的事情不仅彻底地破坏了我们当年的友谊，同时也让我在与别人交往的时候不能够敞开自己的心扉，很多时候总是在提防着别人。

现在我让自己安静下来，把这些借过我的钱最后不能还的人列了一个清单，然后在点燃的蜡烛上把这个清单烧了。让所有旧账随着这张纸化为灰烬，一笔勾销，从此，这些旧账再也不会成为我心理上的负担了，以轻松的心情和敞亮的心胸来迈入新的一年。这些朋友中我还能联系上的，我会尽快地主动与他们联系，给他们拜年，希望我们大家都能轻松愉快地迈向新的一年，更希望我们当年的友谊重新回到我们的身边。他们解放了，我也解放了，我们一起解放了。

第二件事：比起前面说的这些旧账，更让我觉得压抑的是，在我的前半辈子中，有些人怀着各种各样的目的欺骗过我，用各种手段折磨过我，伤害我的自尊心，一些事我至今还不能释怀。我也用同样的办法把这些我心里面一直记恨的人列了一个清单。清单列出来后，我仔细地看了看，发现单子上我感觉伤害我最深的人，是我小学时刚加入红小兵的那天，把我提溜出来批斗的那位老师——我的一位远房叔叔。这位远房叔叔，我记恨了他 34 年。小时候，我学习特别好，考试总考 100 分。但因为家庭成分的原因，我小学四年级的时候才加入红小兵，老师刚把红领巾给我系上，我很高兴，就跟旁边的同学说话。学校规定开会的时候不许说话，我叔叔就当着全校 100 多位同学的面，把我拎起来放在讲台上站着。还有调皮的同学往我身上吐唾沫，下面的同学都在笑，我在哭。好几个老师都说让我下来，他就是不让我下来。我在全校唯一的讲台上站了一两个小时，这对我来说是一个特别大的侮辱，是永远忘不了的事情。当时，我觉得像世界末日一样，感到没有脸见自己的亲人了。一直到前些年，我都不能原谅他，几乎到了不可理喻的程度。前些年我给我妈妈买了一个轮椅，买了后发现有一种台湾生产的轮椅更好更轻巧，我就又买了这个台湾轮椅给我妈妈，原来买的大轮椅就闲置了。有一次，我回去发现大轮椅没了，就问轮椅哪儿去了。我爸爸不敢说。我妈妈说，送给你叔叔了，你叔叔的腿有点儿问题。我勃然大怒，问，你为什么送给他呢？我的反应把家里人都吓坏了。你可以想一下这记恨有多深，它在30多年后还能操控我的情绪。

现在他离开人世已经许多年了，我却还在记恨着他，有关他的印象还不时地跳出来控制着我的大脑，折磨着我，时不时地在我的大脑中分泌出一些不愉快的物质。想想多不值得，死人还在折磨着我、控制着我，这不就是我们常说的鬼吗？而这鬼是我自己招来的，是我心中的仇恨把这鬼引来的。于是，我把这个清单也放在火上烧了。随着这张纸的燃烧，我在这世上再也没有仇恨了，没有了仇恨就没有鬼了，没有什么可畏惧的了。看到火苗吞噬着一个个名字，我的鼻子有点儿发酸，眼泪不自觉地流了下来：我解放了，我的思想和精神彻底地解放了。以后，在这个世界上，我拥有的除了朋友还是朋友，永远没有仇人，没有仇恨。

第三件事：在过去的许多年，我伤害过不少的人，做过对不起别人的事情。有些是为了自己的私利，有些是为了自己的面子，有些是出于自己的幼稚和不成熟。这些人中，还健在的，我要尽快对他们说：“对不起，请原谅我！”无论如何，不能把这件事拖到新的一年。而那些已经离开我们的人，我也要同样真诚地对他们说：“对不起，请原谅我吧！”因为只要是我能想起来的人和事，一定是在控制和影响着我的情感。让我成为一个在情感上没有负债的人吧。在这其中，最让我难忘并觉得对不住的就是我的爷爷奶奶，他们在世时疼我、爱我，离开我之后，他们的教诲和做事的原则，一直是我行为安全的保证和我生活的指引。我还没能为他们做任何事情，他们就永远地离开了这个世界。

第四件事：作为一个公司的领导，我也在想如何让公司对社会有所贡献，让每一个员工在愉快和受鼓舞的环境中工作。我们反复地商量，为我们的所有员工确定了3项基本原则：

1. 不断地反省，我们所做的每一个决定都在促进精神的进步和物质的发展；

2. 我们每天的工作都给身边的人以力量和鼓励；

3. 我们的一言一行都遵循诚实和团结的基本原则。

在中国经济的高速发展中，我看到不少的大公司、好公司后来失败了，最根本的原因是欺骗和分裂。他们走到与诚实和团结相反的道路上去了。

当我做完这些事情后，我走到长安街上，下午的阳光十分明媚，大街上每一个人的笑容都非常灿烂，我身上也有如同大病初愈的感觉，是那么放松、愉悦。我要永远怀着这样的心情和我身边的人一起走进这个城市，走进这个社会，走向未来。

我把自己解放了。

其实你可以不生病

曾志峰

健康就像幸福一样，对我们来说是非常珍贵的东西，但却经常被我们在不知不觉中忽略了、牺牲了。得知健康不再时，你是否想过，到底健康去哪儿了，是谁悄悄地偷走了你的健康？

垃圾食品新解

对于人体来说，所谓的垃圾就是人体没法利用的东西。这些无法利用的东西有两种来源，一种是身体无法排泄的东西，另一种是被我们津津有味地放进嘴里的垃圾食品。

很多食物放久了我们都会把它们当成垃圾扔掉，但奇怪的是，当它们变成另一种形式，我们却经常不能把它们认出来。例如变成速冻水饺肉馅的猪肉、变成火腿肠的鸡肉、变成果脯的蜜枣等等，我们忘了去想想这个猪肉、那个鸡肉在被我们吃进肚子的时候，到底在货架上、在贮物室中放了多久。难道仅仅是因为它们利用先进的食品加工技术，如防腐技术等处理后，看起来还新鲜、吃起来没有怪味，我们就认为那依然对我们的健康有益吗？显然不是，对于我们的身体来说，防腐剂更是一场噩梦。

此外，不当的食物摄取、药物使用、缺乏运动、情绪低落等，都会使毒素以某种形式在体内累积起来，导致基因的异常，产生疾病，这些你都得保持警惕。

糖带来的浩劫

很多人并不喜欢糖，也不吃甜食，在并没有觉得自己摄入了过多糖的情况下，怎么还会因为糖而影响健康呢？事实上，糖在我们生活中几乎到了无孔不入的地步，它很少是以单一形式存在，大多以食品添加剂的形式被添加到各种食物当中，使我们不知不觉摄入了大量的糖。所以，不妨好好地看看你放进嘴里的各种食物，是否含有过多的糖分。

食用油：美味的陷阱

和米饭一样，今天有另一样东西比过去任何一个时期吃得都多，那就是油。无论是在自家做菜，还是在饭店吃饭，每道菜必然是油多才能味美。但是问题来了，当我们享受着油带给我们的美味时，大量的油脂也涌入了身体。而身体进化的速度，远没有人们吃油的习惯改变得那么快。如果我们每天都在摄入这些身体不需要的脂肪，积累在体内无法排出，便会成为威胁健康的又一重要因素。

那么我们该如何避免这种伤害呢？最好的做法就是从现在起，清理一下厨房和冰箱，尽量选用高质量的橄榄油或亚麻油。同时，生的植物种子，生的坚果，高质量的蛋类、肉类和鱼，也是很好的脂肪酸来源，不妨多摄入。

剩饭剩菜惹的祸

不知道有多少人还保持吃剩饭剩菜的习惯。我父母那辈人，因为年轻的时候穷过，受过苦，所以他们非常珍惜每一粒粮食，因此吃剩饭剩菜便成了他们那辈人的“优良作风”。当然，现在很多年轻人也吃剩饭剩菜，多是因为时间太少或精力有限，通常晚餐做够第二天早餐和中餐的饭菜。无论是“优良作风”，还是节约时间，假如坚持吃剩饭剩菜，那么最终我们只能沦落成为“垃圾桶”。

剩饭剩菜里面有什么？就营养成分来说，最多的是糖分，然后就是反式脂肪酸、少量不完全蛋白，然后就是大量亚硝酸盐、细菌，几乎没有维生素和消化酶。大部分人都知道这是垃圾，但因为这些东西吃下去之后，似乎不会马上出现一些不良状况，所以并不在意。不过，其实身体是有信号给你的，只是你没有注意，比如说味觉退化、体型走样、脸色异常等，这些都是经常吃剩饭、吃小吃、下馆子的人的基本特征。

有一种毒物叫街边小吃

在中国，小吃因为它诱人的美味而无处不在。但在美味的背后，却可能隐藏了许多危害健康的因素。

出于对最大利润的追求，许多商贩为了降低成本，千方百计地寻找最廉价的原材料，而这些廉价的材料，往往都是劣质的、对健康有害的。举个烤红薯的例子，很多小贩也许不知道用废油漆桶来烤红薯对身体不好，煤球也不适合用来做燃料。烤红薯最好用木炭做燃料，但是使用木炭的成本要比煤球高好几倍，他们自然会想到用煤球。再例如八成以上的街边小吃使用的油都是有问题的油，像麻辣烫、油条、油饼、煎饼果子等小吃，部分经营者都使用二次油，这些劣质油对食客的健康伤害是非常大的。地沟油含黄曲霉毒素、苯、砷和铅等数不清的有害物质，其中，黄曲霉毒素是头号肝脏杀手，可以导致肝癌。

有一种慢性自杀叫下馆子

也许是生活和工作节奏变得越来越快，一日三餐，很多人有两餐不在家里吃，即使在家里吃也是胡乱地吃。条件差点儿的人在街边找个快餐店，条件好点儿的人则根据自己的喜好，或去中餐馆或去西餐厅；有些人则出于各种应酬，穿行于各式的吃饭场所；有些人逢年过节或者是在一些特别的日子，总要特意请家人或同事选个地方聚在一起吃吃饭、聊聊天以联络感情。

然而，对于个人健康而言，把胃交给一个陌生人负责，却是非常冒险的行为。到饭店吃饭，有许多环节我们都无法掌控，我们不知道端上来的香脆的松子鱼是否由新鲜活鱼烹制而成，无法确认美味的红烧肘子是否添加了一些有损健康的调味料，也无法知道青菜是否洗得干净。我们甚至无法确定免费茶水是否为劣质的茶叶冲泡的，无法确认餐具到底有没有消过毒。

“把胃交给别人，把健康留给医院”的潇洒生活，无异于在打仗的时候，把自己的粮草仓库献给敌方军队，把自己的军火仓库交给了敌人。这种情况，不是很像在自杀吗？

让鬼子兵回家

萨苏

在广岛曾经听过一个日本“衣”兵团老兵渡边淳的讲演。

在战败前，渡边所在的部队驻扎在山东武定。当地经常有抗日军队活动，渡边所在的部队每天的事情就是忙着作战。但是，战场形势的变化，即便封锁，也不可能瞒过所有人。渡边和他同伍的士兵，也暗中谈论过日本如果战败会怎样这类的话题，最终结果无非是自杀或者潜伏下来抵抗这两种而已。

日本投降的消息传来，渡边所在的部队一片哗然，投降还是继续打下去，军官们争论不休。但在渡边等士兵心里，只有对未来的绝望和担心。

与同伍的士兵谈了半天，烦闷的渡边走出炮楼，在田埂上一边走，一边抽烟，但心情始终如是。日军的据点旁边，是一个小村子，渡边忽然鬼使神差地走进村子，走到一家中国人的门前。

这家中国人他是记得的。几个月前，他曾和另外几个日本士兵到这家“征集粮秣”。当他们要把这家人的粮食全部装上大车拉走时，这家的老汉死死拉住最后一袋粮食不放，口中还不停地叫骂着，是渡边上来一脚将他踢倒才把粮食夺下来的。日本兵用刺刀对着那个老汉的胸口，而倒在地上的老汉依然对渡边怒目而视。老汉的儿子一边用力拉着父亲的手臂，一边对日本兵叩头求饶。

那一次，渡边他们并没有杀这个老者，因为当时日军下令：不要在驻地的村庄随意杀人，以免更失民心。但是，渡边对那个一直怒目而视的老汉却印象深刻，觉得他是个“好汉”。

这次，渡边就笔直地走到了这个老汉的家门前。非常巧，那老汉正坐在自家门前吸着旱烟，看到渡边走来，冷冷地转过头去不理他。

渡边以立正的姿态站在老汉身后，许久不知道该说什么。

老汉始终没有转过身来。

最终，渡边鼓足勇气，对老汉说：“我们打败了。”

老汉微微侧过头来，眼里有些疑惑，有些戒备。看到老汉仿佛没有听明白，渡边尽量放慢语速说：“我们，日本，打败了；你们，中国，打胜了。”

说完，他很紧张。

最终那老汉似乎听懂了，转过头来，看着渡边，也是慢慢地说：“哦，你们打败了啊……”他的身体慢慢放松，填上一锅烟，看了看渡边，说：“那你就可以回家去了啊。”

渡边惊讶地看到，那老者的目光竟是十分平和的。

那老者又重复了一句：“那你就可以回家去了啊。”

那一刻，渡边的心头仿佛被重重地一撞，一时百感交集。

令他更惊讶的是，听明白老人那句话里“家”的意思后，自己的眼里竟然有了泪。

渡边在演讲中这样说：“直到很久以后，我才终于明白——在那一刻，我，又重新成了一个人。”

向一个人的死因致敬

王开岭

一

一个人精神毁容了，被自己或别人的硫酸，如何是好，如何是好……

面皮移植？铸一具铁面？归隐山林与鸟兽为伴？

卢武铉先是对观众说了声对不起，然后散步，迎着日出，迎着故里的崖。

山脚下的小村子很美，无论是自然还是气质。卢武铉的回忆也很美，说那是个“连乌鸦都会因找不到食物而哭着飞走”的地方。他的话深情而充满感恩，在乌鸦身上，他用了个“哭”字。

想当年，他就是因找不到食物而哭着飞走的——去了大田，去了首尔，去了青瓦台。

每次出发，他都是一身轻装，除了一个贫民之子的誓言、一个青衿书生的豪气，别无行李。

坑坑洼洼的故乡，那些含辛茹苦、蓬蓬勃勃的野草，似乎给了他最生动的精神注脚，也为他预支了最有力的人格担保。

怎么看，此人变节的可能都是最小的。他有着淳朴的起点和奋斗史。

坎坷身世，卑微学历，民权斗士，草根总统……卢武铉像一个童话。这世界需要童话，需要一次童话的胜利，就像需要一场雪。

有时，我觉得卢武铉酷似中国史书上的那些前辈，很儒家，很士林。你看——

大选获胜后，他噙着泪承诺道：“我知道大家对我的期望是什么，那是一个没有腐败、没有特权、没有违规的社会，一个用自己的双手生活的诚实的社会。”面对反腐的重重险碍，他说：“没有一个农民会因土地贫瘠而放弃劳作。”

入住青瓦台后，他与友人私下谈心，称执政的关键有三：一是将改革进行到底，二是让总统府远离金钱，三是管好自己的亲属。凡此种种，都让我想起先人那句话：“富贵不能淫，贫贱不能移，威武不能屈。”

然而，童话终究是童话。事实证明，贫穷和廉洁并无直接关系，监督权力和坐拥权力是截然不同的两份差使。

当他和故乡的人们不再为食物发愁的时候，其家人被怀疑偷拿了别人的东西。

终于，一名英勇的律师站在了审判席上，一位历史的原告变成了现实的被告。在某种意义上，卢武铉成了自己信仰的敌人。至少客观上，位置互换了。

二

为什么会这样？怎么会这样呢？

对此我不感兴趣，我只留意到了那天，他最后一次攀登。

他选择了故乡的崖。崖，本身就意味着高度，是尊严的象征，是清高者的去处。

可以想象，这曾是他少年立志和理想出发的地方。

清晨的草木，犹带露水，很干净。

一个人在做自由落体前，心真的会安宁吗？

人世真美，他远远看见山脚下活动的人影。同胞的生活又开始了，这将是忙碌而幸福的一天。对他来说，今天只意味着一个早晨。

这一天，卢武铉将成为全世界的新闻头条。他料到了，但他已从看客中划掉了自己。

这是个脸皮薄的男人，性情如铅笔，直、细、脆，又爱哭鼻子。有人说，流泪是孱弱的表现，他不具备职业政治家应有的坚韧。何谓坚韧呢？我不太懂。稍后，似乎也懂了，就是脸皮厚实且富有弹性吧。

不错，论政治体格，此人是弱了点儿，可谓弱不禁风。和城府深厚、世故圆滑的同行相比，他似乎太嫩，像书生，不像政客，甚至还带着孩子才有的茸毛。

“我已丧失了再讲民主、进步与正义的资格……各位不能和我一起陷入这个泥淖，请大家舍弃我卢武铉吧。”

他没有狡辩，他说他无颜以对家乡父老，无颜以对全体国民。其歉意之巨大，甚至对肇事的家人，他都表示了歉意。他觉得是自己，让最爱的人不幸沾染了权力，是自己的事业把亲属带到了危险地带。

非得纵身一跳？别无选择吗？

世间那么多毁容者，不都活得好好的？

这大概和一个人的精神体质有关。精神体质决定了一个人的生命意义和存在依据，决定了他遇事妥协的程度、忍受的底线。比如逆境之下的抉择，好死不如赖活着是一种，留得青山在是一种，宁为玉碎不为瓦全是一种，万念俱灰唯死一途是一种……

卢武铉属于哪种呢？我说不太清楚。

但有一点能确定：他死于面子，死于廉耻和羞愧，死于精神毁容后的照镜子。

“我现在没有脸正对你们的眼睛……我现在完全可以被抛弃了，现在我完全不足以代表任何道德进步。”

这是个爱照镜子的政治家，是一个道德自尊心极强、自爱甚至自恋的人。他并非死于惊恐和畏惧，而是死于意境的破灭，死于内心的狂风，死于肖像的被毁，死于一个理想主义者和完美主义者的失败感，还有，就是死于对清静、安宁和独处的渴望。

对许许多多政客来说，精神毁容、身败名裂，不过是轻若稻草的一件事。审判席上，磕头如捣蒜的乞饶求生者多如蝼蚁，贪生即怕死。但对一个惯于自我器重、把尊严和仪容视若性命的人，这事则如泰山压顶，使他的眼前漆黑一片。

所以，当有人说他死于一根道德稻草时，我不同意，我说他死于泰山。

不是说他死得重于泰山。

三

这种死因，多少让我想起了古人，想起了士林之风。我觉得在精神气质上，卢武铉很有点儿前辈的风度，像从竹林里走出来的，有着士大夫的腰板，昂首挺胸，纤尘不染。古人是把“知耻”当头等大事的，礼、义、廉、耻被看作国之四维。

“无羞恶之心，非人也。”“羞恶之心，义之端也。”“五刑不如一耻。”“士皆知有耻，则国家永无耻矣。”

如果说古代士子是吃“素”的，一日三省谋求肺腑洁净，衣冠楚楚力图众口皆碑，那现代政客则少然，他们更崇尚“丛林法则”和掩人耳目，内心多“荤腥”之物。逻辑和尺度变了，精神体质就变了，政治品格也就变了。丑事当前，拼命遮挡；铁证如山，又死乞白赖。

古人惜名，今人惜命；古人自责，今人诿责。

谁脸上没个疮？在今人看来，卢武铉在道德反应上显然过度了；但古时候，这绝对算一个正常的“均值”，算一个合理的脸皮厚度。

由此我萌生敬意。我向一个人的死因致敬，向他骨子里的那种“古意”致敬。

“古意”，让生命葱茏如竹。

四

卢武铉，你让我看到了人性的失败，也看到了人性的胜利。

你的纵身一仆，无疑是最大的诚恳，这一点，让全世界为之动容。

一个蝴蝶般的男人——爱美，有洁癖，羞涩，自我器重，追求宁静与安详。

也许你过于柔软，但柔软不是缺陷，而是美德，是一种濒临消逝、渐行渐远的古意。

你不适合做政客，适合做政客的镜子。

电视上，我看到呜咽的菊花铺成了黄色海洋。我不知道花瓣后安放着多少情绪——纯粹的哀伤、谅宥的叹息，还是鸣冤的抗议……

但我要献上我完全私人的冲动。我想重述一遍敬意，以及致敬的理由。

在一个把道德当痰随意啐掉的年代，我向一位视道德为全部家当的失足者致敬。

在一个鲜耻乃至无耻的年代，我向任何有耻的人致敬，向爱惜羽毛和颜面的人致敬，向未泯的崇高意识致敬。（行为上，他未必做到了崇高，但他有崇高的意愿和临终的维护。他死于崇高的折磨。）

在一个污秽横流的年代，我向有洁癖的人、向注重灵魂保洁的人致敬。也许他是清白的，也许不是，但他渴望清白，热爱清白，并为错失它而羞愧难当。

玉石虽焚，毕竟身怀晶莹；瓦片固全，终乃糟泥之骨。

卢武铉，一个向全世界低声说对不起的人，一个诚恳地垂下头的老人。

他死了，我宁愿把他的死看作合情合理，看作古意十足，看作儒生的高贵。

请让我们接受他的歉意，原谅他所做的和别人对他所做的，然后像千千万万人一样，手执东方菊花，向那肖像深鞠一躬。

其实，每个人身后，都有一片山崖，那是早晨攀登的地方，也是黄昏仰望的地方。

快乐工作才能快乐生活

骆驼

在美国佛罗里达州桑福德市一个安静的小镇上，有一名厨师叫马克·鲍勃，他的烹饪水平一直不错，在一家叫好望角的餐厅做了两年的厨师。当厨师之余，他还热爱博彩，虽然他一直没有中过大奖。

2009 年 2 月，幸运之神眷顾了他，他居然中了数百万美元的大奖。在经济危机的情况下，他成了小镇最幸运的人。中奖的那个晚上，他在自己工作的餐厅请客。他亲自下厨，和大家一起庆祝自己的一夜暴富。

那个狂欢的晚上，所有人都尽心玩闹，只有饭店老板约翰有些难过，因为他得开始计划重新招聘一名厨师了，他想鲍勃肯定不会继续干这份工作了。

第二天，就在约翰拟好招聘广告之后，一个熟悉的身影出现了。鲍勃居然回来了。鲍勃不但回来了，而且风趣地说：“我是厨师，你们休想把我丢进那些豪华会所。”

于是，鲍勃又吹着口哨开始了他的工作。很快，饭店里的食客渐多，当人们发现鲍勃依然在这里工作时，都很惊讶地向他挥手致意。

后来，他的做法引来了好事的记者。记者举着“大炮”闯进厨房问他：“鲍勃先生，你完全不必继续在这里工作了，为什么还要继续呢？”他一手端着盘子，一手拿着勺子对记者说：“我从小就学习做菜，并在父母亲的反对之下坚持成为一名厨师，你大概知道我有多喜欢干这个了吧？而且，我在这里有像亲人一样的老板和同事，我们相处得非常快乐，他们让我人生的大部分时间都很快乐。我为什么要因为一笔意外之财而丢弃我热爱的事情呢？是的，我不能因为钱耽搁了我的快乐。”

记者很惊讶，良久无语，仍然很执着地问：“你这么有钱干吗不把这家餐厅买下来，然后自己做老板，这样不是很好吗？”

鲍勃笑了，隔着玻璃门指着外面的老板约翰说：“像购买这家餐厅成为老板这种事情，我是不会干的，因为这是约翰最喜欢干的事情，我如果买下这家餐厅，那不意味着约翰要失业并失去快乐了吗？既不能给我带来快乐，又有可能夺走别人快乐的事情，我为什么要干呢？”

记者再次惊呆，然后对鲍勃竖起了大拇指。

2007 年 10 月，在英国，一位叫卡尔·普兰斯的火车司机幸运地中了 690 万英镑的大奖。他中大奖后花了 6.4 万英镑买了一辆房车开始了他的环球旅行，并尽情地享受着金钱带给他的乐趣。但是就在几个月后，普兰斯居然提出申请要回到铁路部门，由于他的听力受损，公司拒绝了他的申请。后来在他的万般恳求之下，他终于重回自己心爱的岗位。当人们问他是不是疯了的时候，他发自内心地说：“我不能把自己的余生花在无聊的度假上，我要与我亲爱的同事及心爱的火车一起快乐地工作下去。”于是，他继续着自己充实而特别的生活，工作时间他继续与火车、同事为伴，下班后他开着自己的豪华轿车回家。人们都相信，他是快乐的，因为他热爱着自己有工作的生活。

很多时候，我们都把工作的目的等同于赚钱，于是工作便成为一种庸俗的劳累。如果你试着把工作和钱分开，和快乐挂上钩，也许会发现工作将成为一件愉快的事情。细细想来，我们大多数人都没有中头彩的命，可能要将人生大部分的时间献给工作，如果不把工作当成快乐的事情，不去从工作中寻找快乐，那我们长长的一生不是注定要悲哀地度过吗？

认同自己的身体

〔美〕谢莉 · 卡特 – 斯科特　张雪萌译

在生活中，少数幸运的人已经摆脱了烦恼，全然接收自己身体的优点与缺点，其乐陶陶。如果你还心有不甘，盼望着奇迹出现，让自己很快变得苗条或丰满，从而使生活达到新的高度，那就请你花一点儿时间揣摩“真心认同”的含义。

认同的本质在于以良好的心态面对生活。现在，就让我们从自己的身体开始吧。除非你通晓神形分离之术，否则无论何时何地你都离不开自己的身体。你是希望得到它善意的引导，还是情愿一辈子把它当成负担，这全在于你的选择，而恰当的选择源于你对“认同”的理解。

许多人以体貌来衡量自身的价值，对外表的要求十分苛刻。他们怀揣着常人无法企及的标准，不允许自己的身体有一点儿瑕疵。我们的眼睛只能看到人的外表，也许这是我们以貌取人的根源。但是我相信，随着你对“认同”的理解逐渐加深，你会对自己做出崭新的评判。

要知道，苛求外表的人无法享受生活的多姿多彩。许多次，你在海滨漫步时只因为对自己的泳装扮相疑虑重重，就错过了美好的风景。想想看，如果你能放下心理包袱，在沙滩上快乐地行走，那该是何等自由！你有不少想做的事情，但是迟迟不肯行动。你或许总是在想：“我现在这个样子怎么行呢？等我再完美一点儿再说吧……”我的一位朋友做梦都想学潜水，可是她担心身材太臃肿，湿漉漉的潜水服箍在身上不好看，所以至今她连水都没下过。如果她，或是你，真心认同自己，那么就不会有这么多迟疑了。

我也曾执迷于此，认为自己的腿形不够美，暗暗地和它们较劲。哪怕是炎热的夏日，我也要穿七分裤，遮住膝盖以上的部位。那时我坚信，如果能拥有修长的双腿，我的生活必定会幸福许多。我希望双腿乖乖配合，变成自己想要的样子，否则我就不认同它们。可是它们一点儿也不听话，顽固地保持着老样子。哎，我好像陷入了水深火热之中。

最终我决定结束这场“冷战”，我发誓要改变态度，认可自己的双腿。这真是说起来容易做起来难。对于外表的动人之处，我们自然呵护备至，可对于那些不够讨人喜欢的地方，接受起来实在障碍重重。好吧，它们曾经是我的假想敌，但是从现在起，我要每天花几分钟来关注它们。我开始每天往腿上涂抹芬芳馥郁的香草乳液，一边涂，一边想：“我的腿并不是那么糟。”进而我劝说自己：“它们其实也不错。”前几个星期，我感到这番尝试很可笑。但渐渐地，我的心态有所转变。虽然在浴室里亮晃晃的灯光下，我仍然不忍心看自己的腿，但是至少我不会像从前那样，急匆匆地用浴巾把它们盖起来。

一天一天过去了，我真的意识到自己腿部的优点了。它们矫健有力，我才能坚持每天跑 3 英里（约 4828 米）。更令我欣喜的是，双腿似乎要回报我的好意，逐渐如我所愿变得结实起来。我的身体不会为博取我的欢心而发生改变，是我的心态发生了变化。我认同了身体，从而使心愿与身体的发展趋势相吻合。事实表明，身体和心灵相互影响。如果你认同自己的身体，不仅对心情有好处，对身体也有好处。越是给身体挑毛病，身体越爱出毛病。维持健康最好的办法是善待身体，现代医学界也十分推崇自我认同的价值。

你能接受自己现有的样子吗？如果你能的话就对啦。“真心认同”意味着无须修饰、无须改变、无须迎合谁的口味——尤其是你自己的口味，你所欣赏的就是此刻的你。

那是不是说，我们就什么都不做，哪怕身体的现状不尽如人意，也不去努力改善？我当然不是这个意思。追求健康与美丽是人之常情。我想说的是，在我们还不够健康、不够美丽的时候，埋怨与折腾是不可取的。我们何必诚惶诚恐，为了达到某种标准而修理自己的身体？身体需要的是有益的发展，需要我们以一颗饱含爱意的心去对待它。“我想换一种发型”“我希望自己的上臂再有型一点儿”……这些愿望够不够好呢？你可以问一问自己：“是不是必须实现这些愿望，我才能获得幸福？”如果答案为“是的”，那么，我们与其投入时间和财力去外部寻找幸福，不如先在内心培养“自我认同”的感觉，为自己营造幸福。

我经常对客户和朋友说："爱自己身体的每一部分。如果你觉得难以做到，就去改变你不喜欢的部分。如果你改变不了，就只能接受现实。"随着年龄的增长，我们的身体会发生一些不可逆转的变化，可能遭受顽症侵袭，甚至落下残疾。这样的现实令人难以接受，然而很多人勇于接受，没有放弃自己的身体。

我们怎样开始自我认同之旅呢？很简单，是什么样就什么样，打开精神枷锁的钥匙就在我们心里。我们可以与身体继续鏖战，尽情吐露心中的幽怨；也可以使心灵经历微妙的变化，逐渐认同自己的身体。我们的心意无法支配自己的外表，既然如此，我们为何要紧锁眉头？来吧，让我们高高兴兴地打量自己！

一个想讲给所有人听的故事

尹田

不久前去河南法官学院讲课，课后和一些法官一起吃晚饭，席间自然免不了谈论一些法律上的事。一个来自最高人民法院研究室的年轻人说想请教我一个问题，接着他讲了他们研究室正在讨论的一个请示案件。原告是一个刚生了小孩儿的妇女，产前曾去某医院做 B 超检查，被医生告知胎儿一切正常，但分娩后发现婴儿有残疾（大概是一条腿先天畸形）。于是她起诉该医院，要求精神损失赔偿。理由是：如果医院认真检查，她在发现胎儿畸形后，可以做人工流产。现因医院的过失，导致残疾儿的出生，造成其精神痛苦，故诉请追究医院的赔偿责任。医院的主要抗辩理由是：医生做 B 超检查确有疏忽，但并未造成任何损害后果（胎儿畸形并非由检查疏忽所致），故不属医疗事故，医院不应承担任何赔偿责任。本案引起的争议问题是：是否属于医疗事故，原告究竟是由残疾婴儿还是由其母亲充当，该不该赔偿，赔多少？见我没有马上回答，其他人纷纷发表意见，还争论起来。

我注意听他们说话，一直没吭声。但我早已知道我将会说什么。此前，我曾听说过同类案件，当时，我忽然想起曾经在一本杂志上读到的、让我感动不已的故事，于是我就对当时在场的人讲了那个故事。

当大家说完了，我说："对不起，我想给你们讲一个小故事。"人们好奇地看着我，安静下来。我尽量用平静的语调开始了我的讲述。

很久以前，美国某个小镇上最有名的医生为一个难产的孕妇接生。情况很严重。医生小心地检查，忽然心里一紧——那是个女婴，但是没有双腿！他不由自主地想，这个残疾儿的出生无疑将是一场灾难，痛苦和悲伤必定伴随女孩儿和她父母的一生！能不能避免这场灾难呢？比如，找个借口把在一旁帮忙的护士支开，悄悄地用手术钳夹着棉花堵住胎儿的嘴和鼻子，只需一小会儿，婴儿就会窒息死亡。毕竟是难产，谁能保证婴儿不会死掉？可是，能这样做吗？激烈的思想斗争使医生感到呼吸困难，面色惨白。但仅仅过去了几秒钟，医生便做出了决定，没有双腿的女婴平安出生了。

医生再也没有见过那个无腿的女婴和她的母亲。但是在此后的十多年间，医生一直耿耿于怀，他不知道当初的决定是正确还是错误的。

一天，小镇学校举行小学生毕业典礼，医生被邀请参加。学生们表演了一些节目。演出快结束时，在美妙轻盈的竖琴声中，大幕徐徐拉开，柔和的灯光照在舞台中间的一个漂亮可爱的小女孩儿身上，她穿着雪白的裙子，轻轻地演奏竖琴，眼睛里闪烁着幸福的光芒。一群装扮成小天使的孩子捧着点燃的蜡烛，随着竖琴缓缓地走出来……医生的眼睛湿润了。

毕业典礼结束了，医生站在草坪上和校长闲聊。一个妇女牵着一个小女孩儿走到医生面前，医生一下就认出来，那正是舞台上演奏竖琴的可爱的小女孩儿！那妇女指着医生对小女孩儿说道：“孩子，这就是我经常向你说起的那位了不起的医生！”这时，医生已经惊愕地认出面前的妇女就是十多年前的那个难产的孕妇！他的目光下意识地迅速移向小女孩儿的腿。见此情景，女孩儿的母亲微笑着淡淡地说：“她装了假肢。”然后她提高嗓音激动地对医生说：“我们一家人都对您感激不尽！如果不是因为您，我们就会失去女儿！要知道，我女儿的降临，为我们一家带来了多少快乐和幸福！我想，我的女儿一定是仁慈的上帝特意赐给我们家的最珍贵的礼物！”

我的故事讲完了。大家都沉默不语。顿了顿，我接着说：“我觉得，当我们讨论本案中医院应不应当承担损害赔偿责任时，我们也许忽略了一个重要的人，这就是那个残疾儿！如果我们站在那个残疾儿的角度，或者说，我们就是那个残疾儿，我们会怎样想？事实上，我们讨论的一切，都是建立在一个前提之上的，这就是那个残疾婴儿根本不应该出生，他的出生是一个不可饶恕的错误，是一个由医生的疏忽而导致的灾难！可是，我们凭什么做出这样的判断？假如把这场纷争交给一个陪审团裁判，而假如陪审团的成员全部由残疾人组成，面对那个母亲对医院的指控，他们会不会做出医院有罪的裁决？如果你是一个用假肢走路的法官，你会不会判决医院应该向原告承担精神损害赔偿责任？无论如何，我们都得想想，当那个残疾儿长大以后，他会如何面对和评判今天这场法律的审判和法律的讨论！”

我有些激动，完全不像个法学教授。

看了看四周，大家都沉默不语。

副作用

李家同

作为一位心理学教授，难免会遇到有人要来找你，却又不肯到医院去的情形。这种人往往都是社会上的知名人士，他们心理上如有问题，当然不愿意让别人知道。这时，他们就会悄悄地来找我这种人了。

这次来的这位是社会上家喻户晓的工业家，当年从我们学校毕业的时候，就以有领导能力出名。不到几年，他的事业就扶摇直上。一般人对他的评价是特别冷静，从不慌乱，判断力更是相当强。他的成功，一直是畅销书津津乐道的。谁都羡慕他，中小学生都暗暗地希望能像他那样，白手起家，建立一个巨大的工业王国。

这位名人进来的时候，却流露出一种非常严重的焦虑情绪。他直截了当地说："我想自杀。"对我而言，这当然是没想到的——这位被很多人羡慕的社会名人为什么如此沮丧呢？

他告诉我他之所以想自杀，是因为他有一个毛病——无法爱人。

我还是第一次听到这种怪病。这年头，大多数人都会埋怨没有被人爱，感到社会的冷漠。自己承认无法爱人，甚至想自杀，这我还是第一次碰到。

于是他告诉了我他的奇遇。

他在上大四的时候，已是同学中功利心非常强的一位。有一天，学校心理学系的一位名教授把他叫去，问他肯不肯参与一个秘密的实验。这位名教授可以给他一种自己发明的药，吃了药以后，他的判断力会更强，人也会更加冷静，观察力会相当敏锐。以他现有的学问，加上这些特别的能力，将来事业一定可以成功。

他虽然对这种药有兴趣，可是他也知道任何药都会有副作用，所以他立刻问那位教授这种药有什么副作用。教授告诉他，他只要吃五粒就够了，在生理上几乎没有影响，可是这种药却有一种奇怪的副作用——吃了药以后，就会丧失爱人的能力。

我的病人当时对于无法爱人不太在乎，他认为这好像没有什么关系。他问教授他会不会仍有被爱的能力，教授说他仍会感到别人对他的爱，只是不能爱人而已。

他觉得似乎值得一试，因为他知道所有成功的人不仅工作非常努力，最重要的是他们的观察力特别敏锐，判断力也特别强。他当时一心一意要出人头地，心想吃了药以后，虽然不能爱人，却仍能感到被爱，于是他答应了。

教授却非常小心，一再问他对药的副作用了解了没有，他说他了解了，而且也愿意冒这个险。于是教授给了他五粒药，他照指示在五天内吃完了这五粒药。

药果真很灵，他进入社会以后，大家都称赞他的观察力和判断力，他的决定十有八九都是对的，难怪他的事业蒸蒸日上。

可是他终于发现药的副作用非常可怕，因为他变成了一个十分冷漠的人：他从不同情任何人，对任何人都没有什么感情。就连他的母亲去世，眼见弟弟悲痛欲绝，他却什么感觉都没有。太太和孩子都知道他对他们毫无感情可言，部下更是感到他是世界上最冷漠的人。

他开始发现自己失去了世界上最大的快乐，他的理智告诉他，付出比得到更有意义。他冷眼观察社会上真正快乐的人，发现他们都是对别人充满爱心的人，这些人事业上都比不上他，可是他们能够关怀别人，因此内心充满爱的他们很快乐。他虽然希望自己也能如此，可一直做不到，大概药性太强了。

他虽然号称可以感到别人的爱，可是因为他不爱人，也没有什么人真正爱他。最糟糕的是，给他药的教授已去世了，他无法去问他要解药。他知道我是这位名教授的亲传弟子，也已是大牌教授，所以来找我，希望我替他弄到解药。

我觉得这件事情实在古怪之至，因为我从未听过这种药。我本来想立刻拒绝他的，可是看他很痛苦，很真诚，只好答应为他试试看。

我利用电脑进行了大规模的文献搜索，发现从未有人提到过这种药。我仔细回忆，这位名教授也从未向我提起这个秘密的实验，我更没有听说过人的爱心是可以受药物控制的。

多亏我想起一件事，这位名教授去世以后，校方为了表示对他的尊重，曾经请他的遗孀捐出他的所有工作日志，将其保存在学校图书馆。我于是申请进入保存他日志的特别房间。我发现他的日志是按日期顺序排列的，于是算了算那位病人在本校毕业的年份，一页一页地看，果然我找到了这个秘密实验的详细记录。

对我而言，这个实验实在太有意义了。我看了记录以后，也做出了解药。

病人来了，我告诉他我已弄清楚这是怎么一回事，因此我可以对症下药。吃了我的药以后，他可以恢复爱人的本能。可是这种药也有副作用——吃药以后判断力可能不像过去那样强，观察力也可能不再敏锐。如果他的事业因此走下坡路，可不能怪我。

我的病人如今对他的事业毫不在乎，他只想能够爱人，享受爱人的乐趣。

我一再问他是否真的想无私地爱人，他一再回答的确如此。于是我用一个小瓶子装了五粒药给他。他谢过我后，匆匆地走了。

三个月以后，病人回来了，他这次好像变了一个人。他说他已经感受到关怀别人所带来的心灵上的平静。他告诉我，他发现一位下属的太太得了癌症，过去他对这种消息完全无动于衷，这一次他主动地表示关心。虽然她仍去世了，可是他从头到尾分担了大家的痛苦，他对死亡也有了深一层的认识。

他的另一位下属有一个儿子在念中学，这位下属收入不多，无法为儿子请最好的家教。他主动表示愿意帮这位中学生的忙，这位中学生的考试成绩果真大有进步，他高兴极了。

至于他的事业，他说他的事业似乎并未受影响。

我的病人谢了我，最后还是问了一个我最不愿意回答的问题——这究竟是什么药？为什么从来没有人谈过药物可以左右人的爱心？

我只好告诉他，其实我给他的只是维生素而已，当年那位名教授给他的也是维生素，他的工作日志上写得一清二楚。

人是有自由意志的。行善或作恶都是人自己的事。你如果立志做好人，就可以成为好人；你如果冷酷无情，实在不该怪别人。我的病人年轻时只想成功，即使不能爱人，也在所不惜。那位名教授只是成全了他的意愿而已。这次他已下定决心要爱人，我也只是给了他心理上的维生素而已。

我们也许不能控制自己的命运，可是只要下定决心，就可以控制自己的行为。我们都应该为自己的所作所为负责。

我的这位病人轻松地谢过我，然后说他有一件礼物要给我。我打开了礼物，发现是我给他的五粒维生素，它们被装进一个更漂亮的瓶子。他显然一粒也没有吃。

我窘得不得了——聪明反被聪明误，这次我被他戏弄了。不过好在我说的都是实情。

病人告诉我，这次他非常小心。他将药带到一位药学系的教授那里去，那位教授一眼就看出这是最普通的维生素。

病人是个有智慧的人，他终于想通了。过去他是自己功利心的奴隶，只要他将自己从强烈的功利心中解放出来，他就会恢复自由的。

人最大的快乐来自给予，而非得到。我的这位病人是个聪明人，他虽然很晚才悟到这个道理，可是他倒是觉悟得透彻。

我看到他那漂亮的捷豹车停在楼下。他上次来时有一位司机开车，这次他自己开车了。大概他已经意识到司机晚上是要休息的。

午餐

〔英〕毛姆

我是在剧场看戏时见到她的。她向我招了招手，我趁幕间休息的时候走了过去，在她旁边坐下。我最后一次见到她已经是很久以前的事了，如果不是有人提起她的名字，我想我这次就认不出来她了。她满面春风地和我聊起来：

“哦，好多年没见了，时间过得真快！我们也都老了。你还记得咱们第一次见面的情景吗？你邀请我去吃了一次午饭。”

我怎么能不记得。

那是二十年前的事了，当时我住在巴黎。我在拉丁区有一间小小的公寓，从窗边可以俯瞰教堂的墓地。我的收入刚好够维持住我的灵魂和躯壳不分家。她读了一本我写的书，给我写了一封信谈论这本书。我回信表示感谢。过了没多久我就又收到她的一封信，她说要路经巴黎，想同我谈谈。不过她的时间有限，只能在下星期四抽出点儿空来，早上她要去卢森堡公园，问我是否愿意中午请她在福约特餐厅随便吃点儿什么。福约特是法国议员们经常光顾的一家餐厅，它远远超出我的经济能力，所以我从来不敢问津。但是她信中的恭维话说得我心头发痒，而且那时我太年轻，还没能学会对一位女士说“不”。（我不妨加一句，没有几个男人能学会拒绝女人。等到他们学会把女人们所说的话看得无足轻重时，年纪已经太老了。）我还有八十个法郎（金法郎）可以维持月底之前的开销。一顿便餐不会超过十五个法郎，如果我后半月不喝咖啡的话，我没准儿可以对付过去。

我回信和我这位朋友约好星期四中午十二点半在福约特餐厅见面。她没有我想象的那样年轻。她的外表与其说风姿动人，毋宁说富态魁梧。实际上她已经有四十岁了（一个颇能迷惑人的年纪，但不是一眼就可以使你激动和产生强烈情感的年龄），她给我的印象是她的牙齿比实际需要的多了一些，整齐、洁白、比较大。她很善谈，但因为她好像倾向于谈论关于我的事，所以我准备好做一名专心致志的听众。

菜单拿上来的时候我吓了一跳，价钱比我预料的要贵得多，但她说的话叫我放了心。“我只吃一道菜，我觉得现在人们吃得太多了。也许我可以来点儿鱼，我不知道有没有鲑鱼。”“哦，可不要这么说！”我慷慨大方地回答。

吃鲑鱼的季节还略嫌早些，过得真快！我的菜单上也没有这道菜。但是我还是问了一下侍者。有，刚刚进了一条头等鲑鱼，这是他们今年第一次进这种货。我为我的客人叫了一份。侍者问她在等着烹制鲑鱼的时候是否吃点儿别的。

“不，”她回答，“我午饭只吃一道菜，除非你们有鱼子酱，吃点儿鱼子酱我倒不反对。”

我的心微微一沉，我知道我吃不起鱼子酱，但我无法对她讲明这点，结果我还是吩咐侍者拿了一份鱼子酱。我为自己挑了一份菜单上价格最便宜的菜——肉排。

“我认为你吃肉可并不明智，”她说，“我不知道你在吃完像肉排这类油腻的东西以后还怎么工作。我可不能叫我的胃负担过重。我午饭从来不喝什么酒。”“我也如此。”我迫不及待地补了一句。“除了白葡萄酒，”她继续说道，仿佛没听到我刚才的话，“法国白葡萄酒一点儿也不厉害，对消化很有帮助。”“你想喝点儿什么？”我依然殷勤地问道，但已不那么曲意逢迎了。她的一口洁白的牙齿一闪，对我殷勤地笑了笑。

“除了香槟，我的医生绝对禁止我喝其他的酒。”她说。

我想我的脸当时一定变得有些苍白。我叫了半瓶香槟。我用随便的语气提到我的医生不允许我喝香槟。“那么你喝什么？”“水。”她吃掉鱼子酱，吃掉鲑鱼。她兴致勃勃地谈论艺术、文学和音乐，可我却一直琢磨着账单加起来会要我多少钱。当我的那份肉排端上来时，她非常严肃地教训我说：

“我看得出来你习惯午饭吃得很多，我认为这肯定不好，为什么你不学学我只吃一道菜？我肯定这会对你大有好处的。”

“我是只吃一道菜。”我说道，这时侍者又带着菜单来了。她手一挥把他打发到一边去，说：“我可不这样，我午饭从来不吃什么，吃也只吃一点儿，吃这点儿也是为了聊天方便。我可再也吃不下什么了——除非有那种大龙须菜。如果不尝尝的话，这次到巴黎来可是件憾事。”

我的心沉了下去。我在橱窗里见到过龙须菜，我知道这东西贵得要命。我的嘴巴也常常因为看到它们而垂涎欲滴。“夫人想知道你们有没有龙须菜。”我问侍者。我捏着把汗，真希望他说没有，快乐的笑容掠过了侍者那神甫似的大脑。他对我说他们有一些又大、又好、又嫩的龙须菜，简直绝无仅有。我叫了一份。“你不要吗？”“不要，我从来不吃龙须菜。”“我知道有人不喜欢龙须菜。事实是你吃的那些肉把你的胃口破坏了。”

我们等着龙须菜上来。我吓得心惊胆战。现在已经不是我可以剩下几个钱过日子的问题了，而是我是否有足够的钱拿出来付账。如果发现自己差十个法郎而不得不向客人张口的话，那就太叫人丢脸了。说什么我也不能丢这个丑。我清楚地知道我有多少钱，如果不够付账的话，我下决心把手往兜里一伸，然后戏剧性地大喊一声，跳起来说我被扒手扒了。当然了，那将是一个极其尴尬的场面，如果她也没有足够的钱付账的话。要是那样，唯一可行的办法就是留下我的表做抵押，过后再来赎了。

龙须菜上来了，又大又粗，一咬一汪水，真吊人胃口。它那嗞嗞作响的奶油香味一阵阵地往我鼻孔里钻，就像耶和华嗅到虔诚的希伯来人奉献上烤得香喷喷的供品时一样。我一边望着这位纵情大嚼的女人一大口一大口地往嗓子眼儿里塞，一边客客气气地谈论着巴尔干半岛的戏剧界现状。她终于吃完了。“咖啡？”我问道。“好吧，一份冰激凌加咖啡。”她回答。我现在已经把一切置之度外了，我给自己也叫了咖啡，给她要了冰激凌加咖啡。“你知道，我是相信这个真理的，”她边吃冰激凌加咖啡边说，“一个人吃饭时，一定要只吃八成饱。”“你还饿吗？”我有气无力地问道。“哦，不饿了。你看，我中午不吃饭。早上我喝一杯咖啡，之后就吃晚饭了。午饭我至多只吃一道菜。我这也是在劝你。”“说得是，我一定听从你的劝告。”

之后一件可怕的事发生了。当我们等着咖啡的时候，领班侍者摆着一副讨好的笑容向我们走来，胳膊上挎着一满篮大桃子，红得好像纯洁的姑娘的脸蛋，色调有如意大利绚丽的风景画。桃子肯定还没有到上市的季节，只有上帝知道多少钱一个。我也知道了——那是在过了一会儿以后，因为我的客人一边继续谈话，一边心不在焉地随手拿了一个。

“你看，你用肉塞满了肠胃，”——她指的是我那一块可怜的肉排——“你什么也吃不下去了。而我只随便像吃点心一样地吃了点儿，我还可以享受个桃子。”

账单来了，付完账后我发现，剩下的钱不够付一次像样的小费。她的目光在我留给侍者的三个法郎上停留了片刻，我知道她一定觉得我很吝啬。但是我在走出餐厅后，带着一张嘴和一个肚子，口袋里却一文不名。

“学我的样子，”在我们握手道别时她说道，“午饭千万只吃一道菜。”

“我会比这做得还好，”我大声回答道，“今天晚饭我就什么也不吃了。”

“幽默家！”她快乐地喊着，跳上了一辆马车，“你真是一个十足的幽默家！”

但我终于复了仇。我不认为自己是个睚眦必报的人，可是当不朽的大神插手这件事时，你暗自得意地看到这个结果也还是可以原谅的——现在她体重有三百磅。

没有死路，只是你还没有学会转弯

古董的价值

曲育乐

一

安东尼是一名邮递员。这天，他给多莉太太送信，见多莉太太正在使用一台模样古怪的旧吸尘器，不禁笑了起来，说："多莉太太，现在都什么年代了，您怎么还用这么老的吸尘器啊？"多莉太太一脸骄傲地说："这可是我和丈夫结婚一周年时，他送给我的礼物呢。别看它很旧了，却很好使呢，而且是名牌——史密斯牌！"安东尼笑着摇摇头，放下信就走了。

回到家，吃过饭，安东尼翻起了报纸。这时一则报道映入他的眼帘：下月中旬，伦敦将举行一场“最敬业家电”的比赛。比赛规则很简单，参赛家电，只要能够正常使用，其中生产年代最早的那个，就是冠军。获奖者将获得十万英镑的奖金。

放下报纸，安东尼扫了一眼家里的家用电器，不禁失望起来。他刚刚结婚，家里的家电都是新的，哪有什么老古董啊。忽然，他心里一亮，想起今天在多莉太太家看到的那台吸尘器来。

多莉太太一个人住在乡下，只有一个叫梅拉妮的远房侄女给她写写信，偶尔来看看她。而多莉太太自己平时既不看电视，也不看报纸，肯定不会知道这个消息。如果能把她那台吸尘器拿到手，那么这次比赛真有可能夺魁呢。这么一想，安东尼有了主意。

第二天一早，他便去拜访多莉太太，说自己喜欢收藏古董，想买下多莉太太的那台旧吸尘器。可多莉太太却摇摇头说：“这是我死去的丈夫留给我的，给多少钱我也不会卖的。”安东尼见状，只得作罢。他想，看来用钱的方法是不能解决了，再逼得急一些，老太太恐怕要怀疑了。但是如果能跟老太太加深感情，得到她的信任，说不定问题就好办了。

二

中午，安东尼拿着多莉太太的信又来到她家。多莉太太见是安东尼，便和蔼地说：“安东尼先生，如果您是想买吸尘器的话，那我恐怕又要让您失望了。”

“噢，不是，我是来给您送信的。”安东尼说着扬扬手中的信。

多莉太太一听，赶忙把安东尼让进屋，抱歉地说：“真不好意思，我误会了！不过，您好像从来不会在中午时候送信的呀，顶个大太阳多热啊？”

“这个——”安东尼一愣，随即笑道，“本来是要晚一些的，但我怕您着急就送过来了。”

安东尼进了屋，便四下打量起来，很快就注意到多莉太太还未收拾的餐桌。多莉太太见状，不好意思地说：“让您见笑了，我刚刚用过午餐，桌子还没来得及收拾呢。您先休息一下，我去给您倒茶。”

安东尼见多莉太太进了厨房，赶快拿出一小袋白色的粉末，悄悄地撒进一盘吃剩的食物里，用叉子悄悄搅拌几下，然后不动声色地坐下来。

不一会儿，多莉太太端着茶出来了。安东尼喝了口茶，就借口工作忙匆匆离开了。一出门，他偷偷乐了起来。原来，他刚才在食物里放的是一种泻药。他知道多莉太太很节俭，中午吃剩的都要留到晚上吃，只要她吃下这些泻药，便可以继续下一步的行动了。

三

第二天，安东尼又来看望多莉太太。果然，安东尼看到多莉太太脸色蜡黄，精神萎靡。他假装关心地问道：“您是不是病了？”多莉太太有气无力地说：“昨天晚上，我用过晚餐后，就开始拉肚子。可能是天气太热，那些吃剩的食物坏了。”

“您看过医生了吗？”

多莉太太摇摇头说：“去城里看病太远太麻烦，没关系，过两天就好了。”

安东尼赶快上前扶着多莉太太说："您年纪大了，有病不看可不行呀！这样吧，反正今天的信也送完了，我送您去城里的医院，让医生好好检查一下。"多莉太太见安东尼一脸诚恳，便满心感激地答应了。安东尼带着多莉太太来到医院，医生诊断后，说没什么大问题，开了些药，便让他们回去了。走出医院，安东尼热情地邀请道："多莉太太，到我家坐会儿吧，顺便把药给吃了。"见安东尼这么关心自己，多莉太太的眼圈都有点儿红了。

进了门，安东尼先给多莉太太倒了杯水，让她把药服下，然后打开冰箱，取出一块蛋糕，递到她面前说："多莉太太，先吃些点心吧。"多莉太太接过蛋糕，咬了一小口，若有所思地念叨着："唉，家里要是有个冰箱就好了，可以把吃剩的食物放进去，我也不会再闹肚子了。"

安东尼心里忽然一动，要是把冰箱送给她，她还不感动死？想到此，他诚恳地说："多莉太太，您瞧，这个冰箱是我前不久结婚时，爷爷给我买的，干脆我就送给您吧！"多莉太太急忙摆手道："安东尼先生，您可真是个好心人，可冰箱我却万万不能收，要是给了我，你们以后用什么呀？"

安东尼说："没关系，我妻子一直嫌这个冰箱小了，我正想去买个大的。您只有一个人，用这个小的，不是正合适吗？"他见多莉太太红着脸，还有些犹豫，赶忙说："您要是觉得心里不安的话，就送我一样东西吧！"

多莉太太眼睛一亮，抬头问："您想要什么，您说吧！"

"您就把那台旧吸尘器送给我吧，您知道我喜欢收藏古董。"

“这个，”多莉太太似乎有点儿为难，沉默了一会儿，她微笑着说，“您帮了我这么多忙，那台吸尘器就给您好了，我想我丈夫会理解的。”

当天下午，安东尼就拿回了那台吸尘器，他将吸尘器精心擦拭一番，便小心地封存起来。半个月后，安东尼带着这台宝贝吸尘器，满心欢喜地来到了伦敦。

四

比赛当天，现场人山人海，热闹非常。参赛的家电摆放成一排，接受评委们严格的评判。终于，到了宣布比赛结果的时候，安东尼屏住呼吸，仔细听着。

“我宣布，获得这次大赛冠军的是，梅拉妮小姐带来的产于1950年的布朗牌冰箱！”

顿时，安东尼像被泼了一盆冷水，呆住了，冠军电器比他的吸尘器足足老了十年！等等，梅拉妮？这个梅拉妮小姐，不就是经常给多莉太太写信的人吗？还有，自己送给多莉太太的冰箱就是布朗牌的呀！这到底是怎么回事？

安东尼一想，赶忙给爷爷打了个电话，张口就问：“爷爷，您送给我的冰箱是怎么回事？”

只听电话那头爷爷沉默了好一会儿，才小声说道：“安东尼，这么说来，你都知道了？哎，爷爷年纪大了，养老金也不多。你结婚时，我本想给你买件像样的礼物，可又拿不出钱来，我看家里那台老冰箱，虽然旧了些，但是挺不错，便让人重新上了漆，送给你——”

没等爷爷说完，安东尼便气急败坏地挂断了电话，心里恶狠狠地骂道：“老东西，你为什么不早说，害我白白损失了十万英镑！”

五

安东尼一肚子火，正准备离开比赛现场。这时，一个陌生男子拦住他问：“安东尼先生，我们能谈谈吗？”安东尼没好气地说：“先生，你认错人了吧，我不认识你！”

陌生人递上一张名片，客气地说：“安东尼先生，我们很快就会成为朋友的。我叫哈里·史密斯，是史密斯吸尘器公司的现任总裁。”见安东尼一脸疑惑，史密斯继续说道：“实不相瞒，这次比赛是我们公司赞助的，我们的目的是想寻找生产年代最早且至今仍在使用的史密斯吸尘器。想用它现身说法，来拍一个广告，从而更好地宣传我们的品牌。很幸运，您就是我们要找的人，我们准备花二十万英镑，租用您的吸尘器做广告，您认为如何？”

“什么，二十万？”安东尼惊得嘴巴都合不拢了。

“要是您觉得少，我们可以再商量，三十万如何……”

“你，你为什么不早说……”安东尼哆嗦着指着不远处一堆东西，原来那台吸尘器已经被他摔得散了架！

不在别扭的事上纠缠

马德

一

不要在一件别扭的事上纠缠太久。

纠缠久了，你会烦，会痛，会厌，会累，会神伤，会心碎。实际上，到最后，你不是跟事过不去，而是跟自己过不去。

无论多别扭，你都要学会抽身而退。从一处臭水沟抽身出来，一转身你会看见一棵摇曳的树，走几步，你会看见一条清凌凌的河，一抬眼，你会看见远处白云依偎的山。

不要让一条臭水沟坏了你赏美的心境，从而耽误了你欣赏其他的美。

二

你可以受伤，但不能总是受伤。

也就是说，在生活中，你可能会遇到误解、冷遇，可能不被尊重，也可能受到排挤、压制和打击报复，还可能遭逢不公、陷阱甚至暗箭冷枪。是的，你要做好受伤的准备，因为，受伤，也是生活的一部分。

但如果总是受伤，一定是太在乎自己了。有时候，太把自己当盘菜，原本就是人生中一道难以治愈的暗伤。

三

我相信，这个世界上已经抑郁和可能抑郁的人，内心都是柔软的。

这种柔软，一半是良善，一半是懦弱。

当一个人打不赢这个世界又无法说服自己时，柔弱便成了折磨自己的锐器，一点一点，把生命割伤。

恶人是不会抑郁的。是的，如果公平和正义被湮没，如果善良的人性和崇高的道德被漠视，如果恶人可以为所欲为，那么这世界就成了制造抑郁的工厂。

四

我记得，好像是某大学的一次校庆，某电视台著名主持人去了。

当他青春的身影在舞台上出现时，下面的学生高兴极了，狂呼他的名字。他却突然不高兴了，脸色阴沉地看着台下。学生们很快发现对他的称呼有问题，转而喊他“老师”，他笑了。

我在电视机前看到这一幕时，很不解。学生们直接喊他的名字，多么亲切，他怎么就不高兴了呢？

又一次，当我看到某个官员对直接喊他名字的人面目狰狞、出奇愤怒时，我才明白了，一个人在高位上久了，就会有架子。

而架子，就是他们的尊严。

五

一个不把无知当无耻的人，心里是没有敬畏的。他谁也不服，一副“老子天下第一”的姿态。

在这样的人面前，你能说什么？无话可说。

白岩松曾经在文章中提到过黄永玉的一幅画。那幅画上，黄永玉画了一只鸟，旁边写了几个字：“鸟是好鸟，就是话多。”

如果你想珍惜自己的羽毛，你就必须要知道，在某些场合，你的沉默其实是对自己多么深沉的尊重。

六

我喜欢泰戈尔的这句诗：“世界以痛吻我，要我报之以歌。”

如果颠倒其中的两个字，就变成：“世界以痛吻我，我要报之以歌。”这句诗就突然多了大胸怀、大气度。

你说，一个人若能这样活在世界上，多难的路不会被轻松走过？

现代人对付无奈的无奈之计

蒋子龙

人不是神仙，在生活中总会有无可奈何的时候。

金钱是最容易让人哭笑不得的。看看我们的周围，有钱的老子和儿子多的是，可是当你做儿子的时候，没有有钱的老子；当你成了老子后，又没有有钱的儿子……你也只有无奈。以前集体拍照时大家一起喊“茄子”“田七”，如今流行喊“我……有……钱”，仿佛这么可劲儿一喊，瞬间就能得到一种有钱的感觉。你说若不是快穷疯了，怎么会想得出这么绝的主意。

那么，有钱的老板是不是就没有无奈呢？钟南山院士为他们画了像：“吃得好，营养少；喝酒多，吃饭少；赔笑多，欢乐少；住房多，回家少；早饭不吃，中午凑合，晚上撑个饱。”这里边恐怕也有为外人所不知的无奈。

时下权力最好使，当权者的无奈应该比普通百姓少得多，却有媒体披露：贵州锦屏县圭叶村的大印一分五瓣儿，五个村干部一人一瓣儿，要想行使村干部的权力，必须五个人凑齐，而且心气还得一致。此举被媒体赞为是“创造了历史上最牛的公章”。河南一公安局局长，在出庭作证时当庭为一贪官鼓掌，举座大哗。被拘留审查时他道出缘由：“经常听领导讲话鼓掌鼓惯了！”

公平地说，现代人的有些无奈是自找的，比如一方面制造污染，一方面又怕死。健康成了每个人天大的事，连老带少全讲养生，似乎所有的人都退化成了两岁孩子，需要听了别人的教导才知道该怎么吃，怎么喝，怎么拉，怎么睡。女的恨不得全变成“植物人”：脸是瓜子，腰是杨柳，眉是柳叶，眼是桂圆，嘴是樱桃，手是莲藕。男的恨不得变成“机器人”：六分饱，四分饿；六分粗，四分精；六分熟，四分生；六分素，四分荤；六分忍，四分泄……有位医学专家实在忍无可忍，便站出来说了句大实话，立刻让养生一族全泄了气。他说：“所谓健康，只不过是死得最慢的一种状态。”哈，不管健身不健身，都是一种无奈。

“男人离开女人没法生活，女人离开男人没法生气。”在婚姻里，现代人同样也有不少无奈。这是因为婚姻跟用餐习惯正好相反，用餐是先上凉菜后上热菜，而婚姻是先上热菜后上凉菜。怎么才能让现代夫妻白头偕老呢？当今世界上经济和文化最发达的两个国家，分别给出了两个药方。一个是美国爱荷华大学研究得出的结论：“妻子的权威是家庭和谐的保证，健康婚姻的一个标志就是丈夫接受来自妻子的影响。”说白了，就是部分地恢复古老母系社会的传统。用现在的话说，让“妻管严”变成一条法律。德国一位女议员提出了另一种议案：鉴于现代婚姻有个过不去的“七年之痒”，结婚证书的有效期应改为七年，每一个七年结束之后，每对夫妻都必须再说一遍“我愿意”，婚姻才继续有效。

这也无奈，那也无奈，但无奈也得活着。有一个对付无奈的办法，就是将无奈进行到底。“您说我颓废？那是您抬举我，我早就报废了！”“喝醉了我谁也不服，我只扶墙。”对付家庭中的无奈就更好办了，一到紧要关头就高唱：“问世间情为何物，一物降一物。”

一旦将无奈变为无聊，也就不会再感到无奈了。

分享脚底板

〔美〕莫娜·珀迪　刘宇婷编译

当那位修女问我“您什么时候再来”时，我正试图从离婚的阴影中走出来。虽然独自抚养着3个不满5岁的孩子，但作为专业发型师，我的日子过得还算宽裕。家庭的破裂让我对孩子们心怀歉疚，于是不免有些溺爱。我带他们去国外度假，疯狂采购名牌服装、鞋子，要什么买什么，这似乎已成为我表达母爱的方式。但我也常常扪心自问：我是在给孩子们树立好榜样吗？

1999年春天，我去危地马拉的佩滕省参加半程马拉松赛。途中，我注意到路边有一群小孩儿正把脚伸进一种黏糊糊的黑色液体中。我问同伴那是什么，他说：“他们在把柏油涂到脚底板上。这里的孩子没有鞋穿，光脚走路容易划破皮肤、感染病菌。他们认为柏油能保护双脚。”我低头望着自己几百美元买来的跑鞋，不敢相信竟然还有人在这样生活。我最讨厌脚趾受磕碰的感觉了，可这些孩子竟然在滚烫的碎石路上赤脚行走！

坐在返程的飞机上，我的心情久久不能平静。没有鞋穿，他们怎么能像正常儿童一样玩耍呢？我想到了自己的儿女，相比之下，他们拥有的太多了。出于愧疚，我才对他们过分溺爱，而此时此刻，另一种愧疚正在撕扯着我的心。也许我享有的优越是不公平的，告诉我怎样才能帮助那些孩子？

我的脑海里很快有了答案。美国人怎么处理自己淘汰的旧鞋子呢？统统随手扔掉，而且大部分鞋还很新，尤其是孩子们穿的鞋——他们的脚长得太快了，往往鞋还没坏就不能穿了。我知道该怎么做了——收集鞋子，然后带到危地马拉去！

我把这个想法告诉朋友、邻居、我的孩子以及任何愿意听我讲述的人。有人觉得我异想天开，但更多的人捐出了鞋子。

“给，妈咪，这双鞋我穿太小了。”小女儿递过一双她最喜欢的黑色娃娃鞋，我真为她感到骄傲！没过多久，我的车库就堆满了各式各样的鞋，多得堆到了草坪上。

圣诞节将至，我吃力地提着几个大箱子，来到危地马拉一所孤儿院的门口。一位修女迎接了我。我对她说：“我有几箱鞋子要捐赠。”“快，快请进！”她高声叫道。一大群孩子呼啦一下跑过来，把我围了个水泄不通，这出乎意料的热情把我吓了一跳。如此贫穷……我真的能改变些什么吗？

孩子们大多打着赤脚，他们看到皮箱里成堆的鞋简直兴奋极了，一边咯咯笑着一边把每个箱子都翻了个底朝天。修女说：“这些鞋也许是他们收到的唯一的圣诞礼物。”我确保每个孩子都得到了一双鞋，剩下的准备送往别处。

道别后我往外走时，听见修女叫了声：“请等一等！”我回过头。

她问：“您什么时候再来？”

这句简单的问话让我心头一颤。再来？我根本没打算再来啊。她望着我，言辞恳切地说：“我们真的急需帮助，急需鞋子，越多越好。”

坐在飞机上，孤儿院里孩子们的身影总在我眼前晃动，我无法忘记那一双双充满渴盼的眼睛。回到芝加哥，我对朋友们说：“我们必须再接再厉！”

我发起了名为“分享脚底板”的慈善活动。这一活动很快走出家门，赢得了社会的支持。各种各样的鞋子——从靴子、凉鞋、拖鞋、足球鞋到滑轮鞋——源源不断地涌入。本地一家房地产公司听说了我的事迹，还捐出了一个仓库。我们有了更多的志愿者，组织也更加规范。“分享脚底板”工程越做越大，以至于美国航空公司免费送我们到世界各地发放鞋子！我们为新奥尔良卡特里娜飓风的受害者送去了13000双鞋，为斯里兰卡的海啸灾民送去了15000双鞋。

我喜欢分发鞋子的过程，有时我会把孩子们一起带上，这是我宠爱他们的新方式——让他们明白有能力帮助别人是多么幸运的一件事。无论是去美国印第安保留地发放冬靴、去非洲捐赠凉鞋，还是去中美洲分发运动鞋，孩子们都很高兴。受赠儿童脸上兴奋的表情，胜过任何我可以用金钱购买的东西。

在这个世界的很多角落，我们司空见惯的鞋子足以对孩子的人生产生深远的影响。鞋子不仅是保护脚底板的工具，还是接受教育的敲门砖（有的孩子因为没有鞋穿而被学校拒之门外），更是自尊自信的源泉。一双鞋可能意味着一切，甚至改变命运……“分享脚底板”工程至今已分发了 35 万双鞋。无数热心人——从不同信仰的志愿者到残疾儿童——都纷纷慷慨捐赠。对每一位捐赠者我都不忘问同样的问题：“您什么时候再来？”

现在，我终于领悟到，当一个人把目光投向自身之外时，他就有可能改变很多人的命运，其中也包括他自己的。

为什么他是富人?

姜汝祥

富人原理:想占便宜吗?先让别人占便宜

我记得小时候读过一个故事。故事讲的是,古印度的一个国王打算重赏他的宰相。宰相便请求国王在棋盘上摆麦粒,第 1 格摆 1 粒,第 2 格摆 2 粒,第 3 格摆 4 粒,照这样下去,每一小格的麦粒数都比前一小格加一倍,然后把棋盘上的所有麦粒赏赐给自己。

国王慷慨地答应了宰相的要求,但他很快就发现,即使拿来全印度的小麦也无法兑现他对宰相许下的诺言!

交换不仅是财富的源泉，而且是一种生存的心态

市场机制就是这样一种增长机制，每个麦粒的名字叫“自我利益”，或者通俗地说，叫“自私”，每个格的名字叫“交换”。亚当·斯密更通俗地把这种格子叫“看不见的手”——人与人之间通过货币交换自己想要的东西，1个人传1个，2个人传4个，4个人传8个，8个人传16个……每个人的利益像麦粒，摆到“交换”这样一个格子中，就会出现几何级数的增长！

所以，追求个人利益或“自私”，在一个封闭的环境中，就像所有的麦粒只在一个格中，这就是一种恶习。因为一个人要想获得，就意味着另一个人必须失去。在没有交换的情况下，任何一个谋求自我利益的行为，都会伤害其他人！

但在有很多格子，即存在交换的情况下就不一样了。在存在交换的情况下，一个人想得到别人的东西，就要到另一个格子中，用自己的东西去交换别人的东西。“自私”在一个封闭的环境中是一种恶习，而在开放的交换环境中则是一种美德！这种美德体现为一种伟大的客户价值精神：我们想要别人的东西，那么首要的就是去理解别人，看看别人需要什么。你必须提供别人想要的，你才能够从别人那儿交换到你想要的。

价值是由交换创造的，为交换而生产是价值的源泉。这就是伟大的市场经济精神。在这里，交换不仅是财富的源泉，而且是一种生存的心态——你想要获得你想要的吗？那你就提供别人想要的！你想占便宜吗？先让别人占便宜！你想快乐吗？先让别人快乐！你想获得自

尊吗？先让别人有自尊！你想要别人跟从吗？那就先服务与牺牲！

成功领导者的特质：关心员工的利益

一个商业社会的逻辑，其实也是一个团队成立的逻辑。组织在本质上就是互利互惠，一个人要想成为组织领导者，不懂这种组织原理，那就不懂领导之道，也就是“欲取之，先予之”的道理。

比如就公司而言，公司与员工之间本质上就是互利互惠的关系，公司用工资与员工交换，员工用业绩与公司交换。在交换的意义上，业绩对于员工不仅是自我价值的衡量，更重要的是公司对员工服从制度投资的回报。

就是说，员工的承诺与遵从是一种代价很高的行为，在我们没有提供员工想要的待遇之前，我们是不能用权力得到这些的。由此我们也就获得了一个成功领导者的最重要的特质：关心员工的利益。

穷人原理：勤奋的人为什么不一定致富？

当这个结论成立时，我们就会发现，在管理公司的时候有一个错误，就是不懂去经营员工的利益——员工没有动力，是因为我们不懂任何一个人真正的利益，是需要通过交换来获得的。帮助员工懂得这一点，就是在帮助他们懂得把自己的利益通过交换转化为共同的利益。

这就是市场经济下的“穷人原理”：你之所以穷，并不是因为你不够勤奋，在很大程度上是因为你在为结果勤奋，而不是为他人的利益勤奋。在市场经济中，利益不是从自己的勤奋中来，而是从客户的认可中来。因为劳动价值是客户决定的，为客户着想的人，才是获利最大的人。

所以，穷人与富人都源于一个简单的逻辑：交换。交换背后的心态其实是一种双赢心态。既不是你赢我输，也不是我赢你输，而是双赢，这显然是以客户价值为前提的一种心态。所以客户价值应当是最核心的要素，利他就是利己，没有一个人因此受损失，结果是双赢。这是市场经济中，任何一个成功者必须拥有的素质。

为荣誉而战

陈鲁豫

小时候，我生活在北京和上海两地，很自然地成了“双语儿童”，在北京讲普通话，在上海讲上海话。两者在语音、语调上的差别以及南北方言结构上的不同，让我觉得游走在两种截然不同的语言之间是一件再自然不过的事。

我爸妈都是学外语的。他们是“文革”前的大学生，学的是那个年代时髦的语言。我爸学了斯瓦希里语，我妈学了孟加拉语。以现代人的眼光看，他们的专业实在有些生僻。每次向别人介绍斯瓦希里语我总得费番口舌：“斯瓦希里语是非洲的一个语种，主要使用的国家有坦桑尼亚、肯尼亚等，动画片《狮子王》中的插曲就是斯瓦希里语。”

解释半天，仍然会有人皱着眉头追问：“什么？稀里哗啦语？”

小的时候听爸妈叽里咕噜地说外国话，觉得神奇，于是也立下志愿，长大后学外语，每天绕着舌头说话，让谁也听不懂。

我爸很希望我能继承父业。我才上小学一年级，刚刚学会“a-o-e-i-u-ü”，他就问我：“要不要学英语？爸爸来教你。”说话的时候，脸上的表情充满期待。

“你？”据我爸回忆，当时我转着眼珠撇着嘴，一脸不屑地说，“你中学学的是俄语，大学学的是斯瓦希里语，你说的英语有口音。我，要么不学，要学就学最标准的英语。”我小小年纪就敢于藐视权威，这让我爸既欣慰又很有失落感。

从此以后，他不再提教我英语的事情。

初中一年级，我才开始学ABCD。第一个月，我完全找不着感觉。拼写单词的时候，我非得把26个字母从头背一遍，才能找到要用的那个字母。

但是，世上真的有奇迹。

有一天，真的就是某一天，我突然间对英语开了窍。从此以后，一通百通，英语就这么成了我生活的一部分。至今，我仍然百思不得其解。

2002年夏天，我在北京采访著名钢琴演奏家鲍蕙荞女士，她也谈到了类似的经历。

鲍蕙荞9岁学琴。别人通常是从单手练起，可不知为什么她的妈妈找了本教材一开始就要求她双手弹琴。入门就这么难，用鲍蕙荞自己的话说就是：“第一天，我整个就是搞不清楚。可到了第二天，忽然好像就会了。”

鲍蕙荞回忆这段往事的时候，我不住地点头，心里不断地在说：“对啊，我学英语也是这么突然开窍的。”想当年，我嘴里开始咕噜咕噜往外冒英语的时候，自己都觉得不可思议。

高中英语课上，我从来都是老师的最后一道心理防线。一个问题，全班如果都答不上来，老师必然会把目光转向我。这时，我会知趣地举起手，说出老师想听到的答案。我知道，如果我也答错，老师一定会精神崩溃。

高一英语第一课是《卡尔·马克思》，课后老师留的作业是背书。可我居然就给忘了，也不知为什么，那一次，全班同学都忘了。

第二天上课，教室气氛凝重。当第三个同学站在那吭吭哧哧背不出来时，老师的脸已经阴得快下雨了。我低着头，心里怦怦乱跳。

老师走到了我这一组，她沉着脸，用手指在第一个同学的桌面上敲了敲，说：“你！背第一段！”

我的心已经提到了嗓子眼儿，心想：“怎么办？老师没准儿盯上我们组了，可我也没背啊！”

我定了定神，把书翻开，假装漫不经心地瞟着书本，脑子里却在飞快地记着课文里的内容。

果然，老师盯准了我们小组。

谢天谢地，我虽然个子不高，但视力好，所以坐在最后一排，是第七个。这样，前边6个同学为我争取到了宝贵的几分钟时间。

“陈鲁豫，你来背！”老师终于叫出了我的名字，声音里是掩饰不住的期待和信赖。这时，我们组已经全军覆没。

全班同学都看着我，只要我能背出课文，他们就得救了。

我慢慢地站起来，又慢慢地合上书，之所以慢，是因为我的嘴里还在念念有词地背着最后一句。之后，我咳嗽了一下，开始背书。

我相信，人在巨大的压力下，会有超水平的发挥，那天的我，是在为荣誉而战。我从头到尾一字不差地背完了整篇课文，故作镇静地坐下。

教室里安静极了。

老师飞快地转过身，低声说了一句："下面，我们学习第二课。"

从她的背影，我似乎看到了她脸上的微笑。全班同学都长出了一口气！

我兴奋得不行，对自己崇拜极了。

命运的第二次机会

蒋平

1962 年，他出生在法国南部的一个小镇。从 7 岁那年开始，软骨病改变了他的一生。一直到成年，他身高不足 1.1 米，手足无力，生活无法自理，基本上形同一个废人。

7 岁那年，一次偶然的机会，父亲发现他对钢琴有浓厚的兴趣，让他开始学钢琴，13 岁那年便试着让他参与剧团的演出。当时剧团正需要一名丑角兼配角。剧团里有名的小号演奏家布鲁内，在跟他合作几次之后，发现他在钢琴方面有着特殊的悟性，就把他推荐给打击乐演奏家洛马诺重点培养。在两位音乐家的帮助下，15 岁那年，他推出了第一张个人专辑《闪光》，优美的曲子加上残疾人的身份，一举轰动了法国音乐界。

陶醉在乐声里，他忘记了身体上的不便与痛苦。钢琴越弹越好，名气越来越大，从 1987 年开始，不到 10 年时间，他的足迹遍及纽约、伦敦、米兰、东京、巴黎，成为名噪一时的爵士钢琴大家，他的名字叫米歇尔・贝楚齐亚尼。

有人问起贝楚齐亚尼成功的秘诀，他说了这样一句话：“我是一个不幸的人，但幸运的是，我把握住了命运的第二次机会。”

对这个“第二次机会”，贝楚齐亚尼是这样解释的：“观众们第一次来看我演出，只是出于对我外表的好奇。如果不能用音乐征服他们，他们就不会再来看我的演出了。只有音乐，与众不同的音乐，才能让他们记住我，才能给我改变命运的第二次机会。”

为了把握好这个第二次机会，贝楚齐亚尼付出了常人难以想象的努力。每天，他拖着残疾的躯体，在钢琴旁一坐就是 8 个多小时。他的左手严重变形，手掌、手腕往内倾斜，视力、听力不健全，行动极为不便，即使在这样的情况下，他仍是几十年如一日地坚持练习。成名之后，他每年的演出超过 180 场，每天 8 小时的练琴从不间断，直到在钢琴上折断指骨，再也无法弹琴。

贝楚齐亚尼一生只度过了短暂的 36 年，然而，他的毅力、他的精神、他把握命运的第二次机会，足以让人们长久地记住他。

你是“穷忙族”吗？

杜晋华　罗慧玲

同时执行多份Case，脚不沾地，加班无数，牺牲假日，无暇娱乐，这一切换来了什么？答案是Nothing，没有丰厚的收入、多彩的生活、光明的前途。如果你也是这样的在职穷人，你就属于这个新族群，他们的标签是“穷忙族”（Working Poor）。

近来，国内各大论坛上“Working Poor”一词开始流行。“Working Poor”在英文中是个专有名词，被翻译成“穷忙族”或“在职穷人”，是指拼命工作却得不到回报、看不到太多希望的人。如今，越来越多的网友在抱怨自己是“穷忙族”，其中不乏一些中等收入的工薪阶层，甚至每月收入近万元的办公室白领。

什么导致“穷忙”？

欧美国家通过客观指标发现，在他们的社会里存在着庞大的“Working Poor”族群。此外，随着近年来日趋明显的全球化发展，日本和中国台湾地区也出现愈来愈多的“穷忙族”。

美国都市社会学家卡斯塔尔斯通过对过去二三十年发达国家发展过程的观察，得出这样的结论：全球化及劳动市场弹性化发展，导致除了高技术、核心人员的大量增长之外，非典型、边缘性工作者也愈来愈多，后者在劳动权益与社会安全保障上远远不如前者。“穷忙族”的出现，已成为后工业社会普遍存在的问题。

上海社科院咨询师刘波认为，“穷忙族”的划分虽然有很强的主观色彩，但是在人们越来越关注CPI、收入分配、个人理财的今天，“穷忙族”的出现有其必然性。在“穷忙族”自己的眼里，拼命工作却得不到回报、看不到太多希望，主要原因是社会压力过大、竞争激烈；也有相当一部分人认为“穷忙”是因为缺少合理的人生和职业规划；还有人认为是由于起点太低、机会太少。

一位名为“王者归来”的网友认为，“穷忙族”产生的原因是因个人欲望膨胀。他说：“有的人，没钱的时候买个二手手机就是他最大的心愿，在月薪1500元时就想买个电脑，等到工资3000元时就盘算着买台高档IBM。薪水增加的同时，个人期望值也在上升，于是不断地为满足愿望而忙碌、奔波。”

阶段性“穷忙”

《中国青年报》社会调查中心联合腾讯新闻中心开展的一项在线调查显示（11351 人参与）：75%的人自认为是“穷忙族”，12.7%的人表示“不清楚”自己是否为“穷忙族”，只有 12.3%的人明确表示自己不是“穷忙族”。超过半数的人（57.6%）认同“穷忙族”多为“80 后”，16.7% 的人认为多为“70 后”，也有 13.2%的人认为“哪个年龄段的都有，但人数都不多”。

“我们‘穷忙族’比‘月光族’可怜多了。”北京市某私企白领黄燕华很坦率地承认自己就是彻头彻尾的“穷忙族”。黄燕华说，“月光族”也许多少有些“自得其乐”的成分，而“穷忙族”更多的是“越忙越穷，越穷越忙”。

由于工作的关系，黄燕华经常要出入高档写字楼。“人总得穿得体面些，才能见客户；有客户，效益才会好。”为此，今年 26 岁的黄燕华不得不将每月开销的大头安排在穿衣打扮上。“我身边的‘穷忙族'很多，他们大多兼了好几份差事，每天过得忙碌而且迷茫，永远觉得自己只是在‘过日子’，而不是在‘生活’。”不过黄燕华确信，“穷忙”是事业发展的必经阶段，但是论及前途，她仍然一筹莫展。

国家心理咨询师王闽认为，“穷忙族”感到压力很大、前途无望，有很大一部分是价值观的问题。“感觉自我价值得不到认可，这主要还是从金钱角度衡量的，其实应该从整个职业生涯来看长远的目标。”

怎样摆脱“穷忙”？

“我在‘穷忙’，但我不是‘穷忙族’。”在北京某投资公司的安泰，极力与“穷忙族”划清界限。两年前进入职场的安泰月收入3000元，在他看来，自己网页维护的职业只是一个简单的、打擦边球的基层岗位，而且义务加班的频率很高。“所以我到月底拿出工资卡时也不会有多少喜悦感。但我肯定不会是‘穷忙族’，因为我能看到希望。”安泰说，身边的同事中不乏因为薪水低而跳槽的，但他肯定不会，“付出了努力肯定就不会白忙，老板是看得到的。”

和安泰想法一样的人却不多，更多的人在为如何摆脱“穷忙”而苦恼。对于如何摆脱“穷忙”的问题，中国人民大学社会学系教授周孝正认为，由于我国社会经济处于不断转型的时期，就业市场化趋向日益明显，各式各样的风险也在市场化的过程中不断呈现。因此，应对风险的能力以及面对风险时及时调整心态的能力比学到多少文化和技术更重要。同时，青年人在初涉职场时，还是应该优先选择自己喜欢的职业，而不是过分考虑物质条件。当然，国家的社会保障体制也有待完善，并应干预社会财富的二次分配，实现社会公正，为劳动者提供更多、更公平的就业机会和生活保障，倡导社会阶层的合理流动和合作，形成一个积极的、多元的社会环境。

总之，“穷忙”在初入职场时出现是可以理解的，但如果变成常态就应该引起警惕，这样的人更需要改变现状的勇气。

别在金矿上种卷心菜

于丹

我曾看过一本书，叫作《隐藏的财富》，里面讲了一个故事：

有两个从德国移民美国的兄弟，1845 年来到纽约谋生。这弟兄俩觉得生活很艰难，就商量怎么样能够活下去。作为外来的移民，哥哥原来还有一技之长：在德国的时候，他做泡菜做得很好。弟弟太年轻，什么都不会。哥哥说，我们外乡人在纽约这么一个都市，太难生存了。我去加利福尼亚吧，我可以种菜，继续做我的泡菜。弟弟想，反正我也没有手艺，索性一横心一跺脚，留在纽约，白天打工，晚上求学。他学习的是地质学和冶金学。

哥哥来到了加利福尼亚的一个乡间，这里有很廉价的土地，他就买下地来种卷心菜，成熟后用来腌泡菜。哥哥很勤劳，每天种菜腌泡菜，养活了一家人。四年以后，弟弟大学毕业了，到加利福尼亚来看望哥哥。哥哥问弟弟："你现在手里都拥有什么呀？"弟弟说："我除了文凭，别的什么都没有。"哥哥说："你还是应该跟我扎扎实实地干活啊。我带你去看一看我的菜地吧。"

在菜地里，弟弟蹲下来看了看菜，然后扒拉一下菜底下的土，在那儿看了很久，然后进屋去拿了一个脸盆，盛满了水，把土一捧一捧地放在里面漂洗。

他发现脸盆底下，有一些金灿灿、亮闪闪的金属屑。然后，他非常惊讶地抬起头，看着他哥哥，长叹一声，说："哥哥，你知道吗？你是在一座金矿上种卷心菜！"

其实，有太多的时候，我们安然地享受着生活带给我们的秩序。日复一日，我们早晨起床，白天工作，晚上睡觉。大家怎么生活，我们也怎样生活。

我们用手中的一技之长养家糊口，过很安稳的日子。我们从来没有跳出自己现有的经验体系，重新质询一下：我还可以换一个方式生活吗？我目前所拥有的这些技能，还有没有可能让它发挥更大的用处？

庄子在《逍遥游》里给我们提出了一个永恒的问题：什么叫作有用？

作为家长，我们可能会跟孩子说，你趴在窗台上看了一下午蝴蝶，做的是没用的事。这一下午，如果你练钢琴，是有用的。

我们可能跟孩子说，你这一下午就在和泥巴，堆城堡，这是没用的。这一下午，如果你练打字，是有用的。

我曾经见过一个科学实验，把一个会跳的小虫子放在瓶子里。它本来可以跳很高，但实验是把盖子盖上以后让它跳。小虫子一跳，啪，碰到顶盖掉下来了，再一跳，又碰到顶盖掉下来。它反复跳跃，却越跳越低。这时候，你把盖子再拧开，看见这小虫子还在跳，但它已经永远不会跳出这个瓶子了，因为它认为，头顶上那个盖子，是不可逾越的。

我们今天的教育，有一种可悲的现象，就是父母用自己全部的爱，为孩子规定了太多的戒律，捂上了太多“有用”的盖子。

我们让孩子认为，作为一个葫芦，它以后只能成为瓢，而不能成为一个巨大的游泳圈，带着人浮游于江海。作为一块土地，上面只可以种菜种粮食，没有人去追问土壤下面可能埋藏的矿藏。

我们以一种常规的思维，束缚了自己的心智。我们的常规的生活态度，规定了我们可怜的局限。这种局限本来是可以被打破的。只有打破这种常规思维，我们才有可能去憧憬真正的逍遥游。真正的逍遥游，其实就是无羁无绊。

有用和无用是可以相互转化的。难道一个人一定要循规蹈矩，按照程序、按照规则去设计自己的人生吗？

有这样一个故事：

一个大公司要招聘发报员，凡是熟悉国际通用的莫尔斯密码的人，都可以来应聘。很多应聘者闻讯而来，被安排在公司的办公大厅里等候面试。

大家来了以后，就发现这个环境太嘈杂了。这个大公司业务繁忙，办公大厅里人来人往，有的在互相谈话，有的在打电话，人声嘈杂。

几十位应聘者一排一排坐在这个环境里等候。面试地点是在大厅尽头的一个神秘的小屋子里。大家就这么等着，等待人事经理来叫人。

这个时候，来了一个迟到的小伙子。他排在应聘者的最后，连座位都没有了。他站了一会儿，然后就径直往那个神秘的小屋子走去，推门而进。所有人都很奇怪：他为什么不排队就进去了呢？

过了一会儿，主管招聘的人事经理带着小伙子从小屋子里出来了，对所有坐着的应聘者说："对不起，这个发报员的职位已经有人了。你们可以回去了。"

其他应聘者都愤愤不平地说："这小子迟到了，还径直闯进门去，居然就得到了职位！我们等待这么久，你一个问题都没问，连机会都没给我们，就被拒绝了。为什么？"

人事经理缓缓回答道："我们特别选择了在这样一个嘈杂的环境里应聘。而就在这个环境中，一直在发送着一种莫尔斯密码，解读出来的意思是：'谁要是听懂了这个密码的话，现在请直接进入小屋子。'"

这个小伙子虽然来晚了，但他在嘈杂的环境中，听懂了密码语言，所以他成功了。他没有像其他应聘者那样，按照既定的规则，坐在那里等待。所以他才是真正懂得密码的人。

这是一个现代生活里的故事。这样的机遇，谁说不会随时出现在我们的身边呢？

我们都知道，庄子是一个大智之人。大智慧者，永远不教给我们小技巧。

他教给我们的是境界和眼光。

这种逍遥游的境界，我们心向往之。但是，这种完整地看待一个事物的眼光，我们真正了然于心了吗？如果我们有这样的眼光，你也会抓住从你眼前走过的每一个机遇。

今天我们经常提到一个很时髦的词，叫作核心竞争力。其实我们每一个人，应该问问自己：我的核心竞争力是什么？

所谓核心竞争力，是不可仿效的，是唯一的。在今天这个时代，没有什么是最好的，只有什么是唯一的。

一个葫芦如果长得小，可以当瓢，它是有用的；一棵树长得小，它可以去做桌子、椅子，它是有用的。一个葫芦长到最大，不必把它剖开，可以把它当游泳圈一样浮于江海，它还是有用的；一棵树长到最大，可以为人遮风避雨，它也是有用的。一个人，永远不要去羡慕他人，而应该问一问自己的心：我的核心竞争力究竟是什么？我究竟有哪一点是不可替代的？

谁不是一边受伤，一边学会成长

爱不完美的自己

〔英〕凯特·温斯莱特　程悦编译

什么是“完美”呢？世界上并不存在任何完美的事物。你不应该总是期待着完美，而对自己过于挑剔。对于年轻女性来说，有一点是非常重要的，那便是你要对自己感到满意，尽管电影和杂志总会给你施加种种无形的压力以及错误的引导。

事实上，出现在每一本杂志封面上的模特或者女演员，全都经过了一番长时间的浓妆艳抹。我们的头发经过专业的发型师两个多小时的细心打理，我们必须一直屏气收腹，并且使头保持在某个高度和角度上，这样一来，我们下巴上的赘肉和脸上的皱纹就不易显露出来了。然后，那些可怜的年轻女孩儿便去购买这些杂志，心里想着：哦，我想看起来和她一样。却不知道，她们心中的偶像其实并不是那样的。

一个名为“我想有张明星脸”的电视节目令我感到相当震惊。节目讲述了一个希望自己看上去与我相像的女孩子的整容经历。起初，我被激起了兴趣，也坐在电视机前观看，几分钟之后，我开始哭泣起来。这个女孩儿切除了自己的一部分胃。我简直不敢想象她究竟经历了怎样的痛苦过程。

这个女孩儿并不知道真正的我是什么样子。她希望自己也拥有一对像我那样丰满的乳房。然而，因为哺育过孩子、岁月的流逝、地球引力的作用等多种因素，女性的胸部会不断地下垂、松弛。这是发生在女性身上的自然规律。这个女孩儿收藏了所有以我为封面的杂志，她观看了由我出演的所有影片，只是希望看起来像我。我为她感到痛心，因为她被这些杂志和电影呈现出的我的完美形象深深地误导了。

如果那个想看上去像我的女孩儿走进我的寓所，我会把我的感觉告诉她。我会说：“站在那儿，不要动。”然后，我会将衣服脱下，告诉她说：“这才是真实的我。我没有又翘又浑圆的臀部，我没有既丰满又高耸的胸部，我没有平坦的小腹，相反，我的臀部和大腿上堆积着大团的脂肪。”我真想大声说：“这才是真正的我！”真的，我并不是那种火辣的美丽女星，我根本就没有那么完美的身材。

我是幸运的，因为我现在足够成熟了，懂得去营造一种内心的平和。我也曾经历过那种精神和情绪都处于躁动不安状态中的青春期。青春时代真正的不幸在于，女孩们似乎觉得，为了得到爱，为了与某个男人建立一种亲密的关系，她们必须看起来美妙无比。这真是让人难过。

或许我能够告诉年轻女孩们说，你们不必为了减肥而苛待自己，不必为了达到目标而让自己瘦成皮包骨。我从来没有梦想过成为一个电影明星。我只知道我想去表演，想去做我在这个世界上最为热爱的工作。而现在我正在做着这些，我获得了成功。我不打算让自己为了这一目标而饥肠辘辘。这对我来说很重要。

怎么跌得有尊严？

龙应台

不久前，震动了整个香港的一则新闻是，一个不堪坎坷的母亲，把十岁多一点儿的两个孩子的手脚捆绑，从高楼推下，然后自己跳下。

今天台湾的新闻，一个初三的学生在学校的厕所里，用一个塑胶袋套在自己头上，自杀了。

读到这样的新闻，我总不忍去读细节。掩上报纸，走出门，灰蒙蒙的天，下着细雨。已经连下了三天雨，早上醒来时，望向窗外，浓浓的雾紧紧锁住了整个城市。这个十五岁的孩子，在人生最后的三天，所看见的是一个灰蒙蒙、湿淋淋、寒气沁人的世界。这黯淡的三天之中，有没有人拥抱过他？有没有人抚摸过他的头发，对他说："孩子，你真可爱？”有没有人跟他同走一段回家的路？有没有人发短信给他，约他周末去踢球？有没有人对他微笑过，重重地拍他的肩膀说：“没关系啊，这算什么？”有没有人在MSN上跟他聊过天、开过玩笑？有没有人打过电话给他，用不放心的声音说：“嘿，你今天怎么了？”

在那三天中，有没有哪一个人的名字被他写进笔记本里，他曾经一度动念想去和对方痛哭一场？有没有某一个电话号码被他输入手机，他曾经一度犹疑要不要拨那个电话去说一说自己的害怕？

那天早上，十五岁的他决绝地出门之前，桌上有没有早点？厨房里有没有声音？从家门到校门的一路上，有没有一句轻柔的话、一个温暖的眼神，使他留恋，使他动摇？

我想说的是，在我们整个成长的过程中，谁教过我们怎么去面对痛苦、挫折、失败？它不在我们的家庭教育里，它不在小学、中学、大学的教科书或课程里，它更不在我们的大众传播里。家庭教育、学校教育、社会教育只教我们如何去追求卓越，从砍樱桃树的华盛顿、悬梁刺股的孙敬、苏秦到平地起高楼的比尔·盖茨，都是成功的典范。即使是谈到失败，目的只是要你绝地反攻，再度追求出人头地，譬如越王勾践的卧薪尝胆、洗雪耻辱，譬如那个战败的国王看见蜘蛛如何结网，不屈不挠。

我们拼命地学习如何成功冲刺一百米，但是没有人教过我们：你跌倒时，怎么跌得有尊严；你的膝盖破得血肉模糊时，怎么清洗伤口、怎么包扎；你痛得无法忍受时，用什么样的表情去面对别人；你一头栽下时，怎么治疗内心淌血的伤口，怎么获得心灵深层的平静；心像玻璃一样碎了一地时，你怎么收拾？

谁教过我们，在跌倒时，怎样的勇敢才真正有用？怎样的智慧才能渡过？跌倒，怎样可以变成远行的力量？失败，为什么往往是人生的修行？何以跌倒过的人，更深刻、更真诚？

我们没有学过。

如果这个社会曾经给那个十五岁的孩子上过这样的课程，他留恋我们——以及我们头上的蓝天——的机会是不是会多一点儿？

现在绊倒了。你的修行开始。在你与世隔绝的修行室外，有很多人希望捎给你一句轻柔的话、一个温暖的眼神、一个结实的拥抱，我们都在这里，等着你。可是修行的路总是孤独的，因为智慧必然来自孤独。

该怎么对你说，我的孩子？

古道西风

我亲爱的孩子，你在一天天地长大，跟你一起长大的还有你的书包。而且，在将来的几年内，它还会随着你的身体、年龄一起增长。那书包与你们的身体非常不成比例，不协调得刺眼。每天，看着你背着那个大书包走出家门，我都有一种感觉，你们并不是去上学，而是去战场上拼杀，你们的书包就是用来攻克堡垒的炸药包。无色无味的硝烟，弥漫在你们懵懂的脑袋里，飘荡在含苞待放的岁月中。表面上你们是一脸与年龄不相称的沉默，只有在过早锁紧的眉头上，偶尔会闪现出一抹天真烂漫。

早晨，太阳睡眼迷蒙地伸着懒腰的时候，你们已经走在了上学的路上，万家灯火则是你们归途的风景。去也匆匆，归也匆匆。匆匆而朦胧的背影就是你们少年时代的经典素描。

大人们天天都在喊“累”，其实你们也累，只是你们没有喊出来，因为你们不敢。但是，在你们那硕大的书包上，在你们那铺天盖地的作业、数不清的大大小小的考试里，在每天的八节课里，在灯光下你们伏案的弱小身影里，在你们倦怠的眼神里……我都看见一个大大的“累”字清晰地呈现着。不仅如此，还有校门之外的其他各种“班”，又把你们那点儿可怜的剩余时间全部吃干榨净了。在一片“减负”声中，你们的书包越来越重了，你们的时间越来越少了。我知道，这并不是你们想要的生活。考试、分数、升学，这是一个由社会、教育体制、成人搅起的巨大旋涡、怪圈，你们就那样无辜地被卷进去，不由自主地沉浮，疲惫不堪地旋转，无法也无力自拔。看看你的同龄人在考试中用“不仅……而且……”造的句子吧：只要我成绩不好，不仅要受骂，而且还要挨打。第一次看见这个句子时我笑了，那个笑的味道很苦。其实要想真的给你们减负，不仅要有减负的机制，还要有减负的环境，更需要父母们先给自己的思想减负。可是这一切皆为口号，只是飘浮在半空中的美丽泡影而已，至少在你们的学生生涯是无望了。至于哪一代孩子有缘、有幸享受“快乐的学习”，还是个未知数。

少年，应该是个彩梦缤纷的季节，可是你们已经没有自己的梦了。你们的梦境早已由社会和成人为你们描绘好了内容，只需要你们按图索骥去做就是了。在你们的面前，冷酷地横亘着一座又一座山峰或者堡垒——期中考试、期末考试、重点中学、名牌大学、硕士研究生、博士等等——等待你攀登，或者扛起用方方面面、大大小小的知识捆绑成的炸药包，把它们一一炸毁。你们已经沦为考试的机器，被日益沉重的书包压得喘不过气来，根本无暇享受灿烂的阳光、碧绿的野草。我真的担心将来你们长大成人后，回忆少年时代的生活时发现里面的内容竟然只是书本、教室、辅导班，我担心你们会发出“还我美好少年”的怒吼。“好好学习，天天向上”这个谆谆教导并没有错，学习绝对是应该的，也是必需的。学习，原本应该是在知识海洋里恣意畅游，是在文化花园里诗意栖居，是对神秘世界兴趣盎然的探索，是婴儿咂咂有声地对乳汁的香甜吸吮。可课堂上的你们，却如流水线上被关在笼子里的鸭子，张着嘴被一勺一勺机械地灌进食物。没有人想过灌输给你们的那些东西，你们能否消化得了，能消化多少。学习之于你们已经成为一种负担，一项必须完成的任务。我真的不知道，这样的学习对于你们还有什么乐趣可言？

学习是一生的事情，那是一场马拉松，绝对不该用百米冲刺的速度去跑。而现在，社会环境、教育体制等诸多因素拧成的鞭子正在驱赶着你们用百米的速度去跑马拉松。那鞭子也在抽打着我，让我这个父亲无可奈何地成为帮凶，比如：为你择校，给你购买学习资料，送你去作文班。再比如：你的考试成绩成了家庭的晴雨表，为你排名提前而喜，为你学习退步而忧。再说说你们的老师。教师，原本是太阳底下最光辉的职业，有着“人类灵魂工程师”的美誉。然而，问问你的老师，现在还有几个人愿意认领这顶桂冠？他们绝大多数是羞于面对，甚至是不敢面对。因为在某种程度上，在中国现行的教育方式、体制下，他们不仅不是在塑造美好的灵魂，而是在辛勤地扭曲、摧残着你们这些花朵的灵魂。当然，这绝非教师之过。

还有，即便如此，却还有那么多的穷孩子连跳进“旋涡”、被“扭曲”的机会和资格都没有，他们只能贪婪地看着你们的大书包，羡慕地盯着你们走进学校的背影，隔着铁栅栏饥渴地倾听你们朗朗的读书声……

总是有“素质教育”的雷声在耳边不断地轰响，却始终未有一颗“素质教育”的雨滴飘落到你们的头上，甚至连一丝云影都没有。我知道你已经很累，时间很紧，不应该再给你新的重压。可是不行，我必须得提出新的要求。因为我想要的绝不是一部只会读书、考试的机器，而是一个有着健美的身体、健康的心理、健全的人格的活生生的女儿。我绝不允许你畸形地成长！因此，希望你在好好学习科学文化知识的同时，还必须好好学习生活，好好学习做人。这些对于你的将来同样是非常重要的，对于社会也是非常重要的，只有和谐的人才能打造和谐的人生，只有和谐的人才能构建和谐的社会。

非洲大草原的动物，太阳一出来，它们就开始奔跑。狮子妈妈在教育小狮子说：“孩子你必须跑得快一点儿，再快一点儿，你要是跑不过最慢的羚羊，你就得饿死。”在另一场地上，羚羊妈妈也在教育小羚羊说：“孩子，你必须得跑得快一点儿，再快一点儿，如果你不能比跑得最快的狮子还要快，你就要被它们吃掉。”很多父母都在用狮子妈妈和羚羊妈妈的话来启发、教育自己的子女，可是孩子，我并不想用这样的故事来激励你。那是动物世界的自然法则，而人与人之间的竞争不该是你死我活的。用这样的法则来解释人类的竞争，用这样的事例来激励孩子们去拼搏，不仅愚昧无知，更是兽性残酷的。我也希望你奔跑，但绝对不是为了掠夺、残杀或者逃命。奔跑，只是为了跟上时代前进的步伐，不被社会发展的潮流抛弃；奔跑，只是为了积极地、合理地去争取，为自己创造尽可能多的快乐和幸福；奔跑，只是为了让有限的生命拥有更多的风景，丰富、深刻生命的内涵；奔跑，只是要踏出几个清晰的脚印，给没有意义的人生创造出一些意义来。在奔跑的过程中，我希望你的步调是匀速的，步伐是稳健的，步韵是和谐的，步态是优雅的。那才是真正的、积极的、健康的生命的奔跑。

说到狮子和羚羊，我倒荒唐地希望你不是我的女儿，只是一只小鸟儿。背上没有书包，翅膀上没有学习的负担。每日，自由地在蓝天飞翔，尽情地嬉戏，呼吸着原野最自然的清香，累了就随意栖息在或轻灵飘逸或俊朗挺拔的枝头，欣赏着一朵同样没有文化的花的纯洁微笑，和花、草、树一起勾勒出大自然最原始的美丽。只需要轻轻扇动上帝赋予你的翅膀，就可以飞度一生。可这只能是一个梦，所以你还得继续奔跑，我的孩子！

我只是希望，在跑过绿草地的时候，你能小憩，让那蓬勃的生命滋润一下你枯燥的眼睛；在花园边，你能坐下来，让那些缤纷的色彩渲染一下你单调的生活；在落叶纷飞的树下，你能驻足，感悟生命的韵律和从容；在漫天飞舞的雪花里，你能停下匆忙的脚步，体验自然的奇妙和精彩；你能够时常静下心来，听听鸟儿的歌唱；你能够想着抬起头，仰望深邃的星空；你能够仔细地看看勤奋的蚂蚁，像它们那样学习；你能够认真地看看快乐的蝴蝶，像它们那样生活……

我只是希望，在你的花季生活里，尽可能多地有一些与“少年”两个字相符、相称的内容。在将来的回忆里，能多一些色彩，少一些遗憾……

一对父女的两岸

Three

在离开家的那一天，我看到他躲在 7 楼阳光下的阴影里，间或和我说一两句话。他的手里提着透明的塑料袋，里面装着他认为我上火车后必备的一切。袋子很鼓，可以看到方便面、水果、面包、矿泉水瓶的颜色及轮廓。他说不完、说不出口的话，也都在里面。

这个到最后关头依然不会和我说什么的人，在阳光下眯起眼睛，沉默着，躲在楼层的阴影里。夏末秋初，日光依然炽烈。我看到他的 T 恤背后，已经有濡湿的痕迹。

这个我最亲近的人，和每一位经过这里的同事打招呼。但，我们不说话。我不说话。超市里，我越过一排一排的货架，飞快地把食物装进红色塑料篮子里。和他在拐角处相遇，我看着他的篮子，把我已经盛装过的和我认为多余的物品挑出去。他并不是居家的男人。他不喜欢逛超市、百货公司、大商场，他不喜欢讨价还价。他缺乏这方面的经验，同许多其他的男人一样。

在家人的面前，他拙于一切温柔的表达。他只是把物品装满篮子，再看着我挑出其中的一部分。

他微笑着，很宽容地看着我的挑剔。他走到出口处，去结账。

很多时候，他扮演的是一个最后结果的执行者的角色。他不关心动机和过程。年轻的时候，这让他有时显得很残忍。冷漠和残忍伤害了他最亲近的人。

我们走上楼梯。他问我自行车的钥匙留下来了没有。“你妈妈上班可以骑你那辆车了。”我“嗯”了一声，从他手中拿起一个袋子，说：“我先上楼，你可以去看看自行车。”我忘了具体把它放在什么位置了。

他似乎更关心我的自行车，而不是我。多年以来，一直如此。小时候，他关心别在我胸前的小朵纸制的红花。我上小学，他关心我作业本上满满的对号、考试卷上 100 分的红字。中学，他关心奖励、奖状，不要早恋，关心我开始偏科的成绩。大学，我从不告诉他我的成绩。大学的最后两年，周末回家，母亲常常对我说，他又下楼去和人打牌了。

他常常说我不再聪明。我越来越像个普通的孩子，脱离了他的期待。我的数学越来越糟糕。我越来越不知道一些事情的必要，不够聪明，也不再听话，沉默而倔强，懒散而不自知。偶尔我会和他顶嘴，摔门跑出去。在奔跑的路上，眼泪迅速地干了，我彻夜不归。他孩子气地抱怨我的母亲说："都是你的错，都是因为你的娇惯和宠溺。"

照相簿的黑白照片上，上幼儿园的我和他依偎在一起，笑容干净而天真。那时，人人都说我聪明可爱。我是他的宝贝，他是我最亲的人。那时，他对我还没有如此多的要求和期望。我是他的女儿，有这个，就够了。在武则天的陵墓前、在有绿色梯田的原野上，他蹲下身，靠近笑容腼腆的、躲闪着镜头的我。有风，我帽子上的飘带和他的头发一起飞扬着。我们看着镜头，他抱着我，我不再羞涩，那是已逝的快乐时光。

只是后来，他抽丝剥茧地一点一点抽离了我的自尊和骄傲。

这个男人，我和他在一起，23 年，互相依靠，互相伤害。不知道从什么时候起，他不再抱我，抚摸我的头。他的耐心也渐渐磨损了。我成绩不好的时候，他会一边让学校的老师——他的熟人——关照我，一边严厉地训斥我。甚至在某一次看了我的考卷之后，他还给过我一巴掌。他让我觉得越来越窒息，越来越想逃离。

18 岁以后，我们的隔阂明目张胆起来，我不打算对他友好。高考的第一志愿我填的是重庆。升做直辖市后，重庆本地大学的分数线狂飙，我未能如愿。结果我依然在西安上学，和别人一样住校，周末也不打算回家。我跟他说自己很忙，可我并没有参加学生会的活动，没有入党，没有在校园演讲里一鸣惊人，没有打算参加任何竞赛，没有教授承认我是他的得意门生，也没有恋爱，更没有理想和追求。我忙，只是忙着躲避他。

当然，那个时候，我不会告诉他这些，不会试图和他倾诉或交流。

那都不是他关心的事。20 多年和他相处的经验，让我在适当的时间、地点，适当地闭紧嘴巴。

我只告诉他我在学英语和电脑。这点理由足以使他相信。或者说，足以使他甘愿相信。

22 岁，我即将毕业。他曾经竭力地让我考研，试图用周围好学生的例子说服我。这办法持久耐用，他已经用了许多年。而我明确地告诉他，我不会考。不会！我永远不会和他走同样的道路。在他铺排好的道路上，无论我如何努力，他都会认为，我本可以做得更好。说到底，我永远比他预期的愚蠢，这是他所不能容忍的。

后来我找了一份工作，不稳定，做了几个月便辞职，无所事事，靠看光碟和小说打发时间。在他的暴怒和劝导下，我终于打算离开。23 岁了，我来到北京。他曾经待过四年的北京。

让他骄傲的清华园，我终究没有能够进去。23 岁以前，我对北京的所有概念，都来自于他的叙述：琉璃厂、北海、天安门、圆明园、水木清华；清晨悠扬的鸽哨，傍晚时分的炊烟；炸酱面、猫耳朵；窄小的胡同，宽阔的长安街；聪明人和聪明人的集聚地。

我逐渐对“聪明”“学院”“知识分子”“精英”之类的词语产生反感。我用自己仅剩的任性来对抗他所缅怀的过去、他强加给我的期望的结局。在坚韧的对抗中，他日渐苍老，终于放弃了改造我的权利。

我偶尔打电话回去，总是母亲接电话。她告诉我，他在楼下找人下棋。空荡的房间里，总是只有她，可是她已经习惯了。

她已经习惯了。在黑暗里吵闹着要离婚的她曾经把我从睡梦里惊醒。我听着他们的话语，战栗得泪流满面，害怕得一言不发。他们摔掉手边一切可以摔的东西。第二天清晨，他们好好地去上班。我则好好地去上学。恐惧、残破和缺憾留在了我心中最隐秘的深处，成为抹不去的底色。

成年以后，我惊惧地发现自己继承了他的性格：他表面的爽朗和幽默，他骨子里的冷酷和不安。

他给了我最初的、最深刻的光明和黑暗。

那时，我唯一确定的是，要离开他，离开这个曾经最亲密的人，离开这个抱着我拍照的人。离开他的那天，我粗暴地将所有的行李扔到车上去。我看着这个人，不想克制。他已经放弃了对生活的所有梦想，显现在我面前的，是一个苍老、臃肿的普通男人。

他依然对我有所期待，虽然他不知道这期待的方向。他的女儿，在走一条连她自己也不清楚的道路。这道路的开始，就是一个转身的离弃。

我答应他们，照顾自己，好好工作，奋斗到可以买房子，就接他们来住。我心里在一阵一阵地嘲笑，冷酷而残忍。也许连我自己都没有那样的一天，我居然就这样承诺！

在车站，我们依然沉默。我和母亲说话。他四下看看，去买水。车站人潮汹涌，永远有不知道从哪里来、到哪里去的人，在这里做短暂的停留，行色匆忙、神色恓惶。

火车要出站了。他买瓶装的矿泉水，还没有回来。母亲让我等他。我说，不等了，车就要开了。

我跳上车，冲她招手。我微笑着，冲这个要离开的城市微笑。这时我看到他，从人群里要挤过来的样子，冲我呼唤。从他的唇形我读出了两个字。这时，他呼唤着我的小名。他满头是汗，脸涨得通红，嘴里不停地说着什么，他甚至被拥挤的人群推搡着。

我坐在有空调的火车车厢里，因为不能打开车窗而不知道他到底还说了些什么，仿佛他在河流的对岸。我看着他急切的神情，突然鼻子酸了。这个给了我生命里最初的爱和伤害的男人，跑得那么吃力。他多不容易啊！他不管用什么方式，原来只是想靠近我，给我一瓶水，或者给我一份他笨拙粗暴的好意啊！

这是一年前的画面了。

24 岁之后，我一个人在北京，时常会想起这些镜头。我不知道是他的爱让我无法承受，还是我根本就误解了他的本意。但是我也慢慢知道了，在时间的两岸，起先弥漫着我们的误解，随后也渗透了彼此的理解与宽容。

门外青山

吴念真

小孩儿离家的时候十三岁，小学刚毕业。

跟村子里所有的孩子一样，十三岁理所当然就是大人了。虽然在毕业典礼上领了县长奖，他还是把奖品留给了弟弟妹妹，第二天带着小小的包袱（里头是两套新的内衣裤，一条新的咔叽布短裤，是妈妈昨天晚上特地去瑞芳买的。说它是毕业成绩优异的奖赏，或者成年的礼物，都行），就跟着陌生的叔叔走下山，坐火车到城市当学徒去了。

没有人为他送行。爸爸妈妈工作去了，爸爸六点多就进矿坑了，妈妈七点去洗煤场，家里只剩下弟弟妹妹。

小孩儿离家前跟弟弟妹妹说的最后一句话是："字典要找一张纸包

起来，不然书皮很快就会破掉，知道吗？”

字典是他昨天刚拿到的奖品之一，另外还有一支钢笔。钢笔他随身带着，就别在白上衣的口袋上。

此后几年，小孩儿用到钢笔的机会很少。上班的前几年几乎每天都是早起晚睡，像陀螺一样，被老板、老板娘、老板的妈妈、老板的小孩儿以及大大小小的师傅们，叫来叫去、骂来骂去、打来打去……当然，还有必须要做的工作，而且自己还要偷空学习如何操控工作机器。

三年多之后，他升为师傅。才十七岁，却已经是家里真正的家长了，因为一家人的生活所需主要靠的就是他的收入。

十九岁那年，他恋爱了，爱上工厂隔壁一个念北二女的女生。

第一次要写情书的时候，他发现当年那支获县长奖的钢笔的墨水管早已干涸，而且粘在一起，根本无法吸水。

他买了圆珠笔，用两个晚上打草稿，然后把信寄给女生。

女生竟然回信了，说愿意和他交朋友，并且赞美他的字好看，信也写得好。

女生不知道他曾经得过好多次作文比赛和书法比赛第一名，当然也不知道小学毕业时，他拿的是县长奖。

但，也就是那一年，他的右手被冲床轧到，整个手掌只剩下一根大拇指。

当天，冲床的撞击声和剧痛的惨叫声汇集而成的巨响，仿佛也成了他奋发飞扬的生命的紧急刹车声，之后，仿佛一切都停滞了。

学了六年的技术，停了。

一直上涨的薪水，停了。

写了十七封的情书，停了。

出院之后，他回山上老家休养。

他带回来一个小小的旅行袋，以及一床棉被。旅行袋里装的是内衣裤、几套外出服以及十几封女孩儿给他的信。

什么都停了，似乎连时间也停了。

他每天重复看着女孩儿给他的信。

妹妹问：“怎么不再写信给人家呢？”

他说：“我会再写啊！但，总要等到我学会怎么用左手写字，而且，要跟用右手写得一样好看的时候……”

也许是女孩儿等不到他的信，或是其他原因，有一天竟然坐火车，然后又走了将近两小时的山路到村里来找他。

女孩儿细致、美好的模样，让村子里的妈妈们惊讶到几乎她们反而成了客人，除了傻笑之外，不知如何应对。

厨房里，妈妈煮着冬粉鸭蛋汤，要请女孩儿吃。他帮妈妈往灶里添煤，忽然妈妈一掩脸闷声哭了起来，断断续续地跟他说：“人家是好命的人，咱不要害人家。”

他说：“我知道！”

那天黄昏之前，他陪女孩儿下山去搭火车，从此，就没再回来了。

曾经在山路上遇到他们的人说，两个人走得很慢，好像很舍不得把路一下就走完的样子。

女孩儿回家了。

男孩儿四天后才被家人找到。他在离山路稍远的杂木林里，用树藤结束了自己十九岁的生命。

这应该算是一个故事大纲吧！

当兵的时候，一个同梯的跟我说的真实故事。

那时候也许是年轻、干净，不管是刚听的时候，还是后来回想，眼泪总是忍不住就流了出来。

那时很想把它写成一篇小说，没什么伟大的主题，只是为那样和自己有着近乎相似的成长背景的干净而无奈的青春感到惋惜。

那时候甚至连题目都定了，就叫“门外青山”。

只因为一个联想到的画面始终难忘：孩子回到山上老家休养的时候，孤独地坐在门口的样子。他的眼神，以及他所看到的云彩的阴影，不时快速地飞掠过山峦。

小说我一直没写成，一直停留在大纲的样子。写不下去的最大原因是，始终无法达到心里早已形成的那种厚度和层次。

慢慢地，这个故事被自己遗忘了。只剩下一些枝枝节节的片段，被我曾经不自觉地引用在电影剧本或其他文字叙述中。

一直到了在脊髓损伤潜能发展中心和许多“超人”面对面之后，这个故事才又清晰地浮现。

而一转眼，三十年过去了。

逐渐老去的人，心思不再年轻、单纯、敏感，甚至连笑与流泪都不再那么自然自在，那么理直气壮、理所当然。

然而，类似的停顿的生命、残缺抑或足以惋惜的青春的悲剧，却始终不曾停止发生。

所以，当一个病友说，受伤之后，有五年时间，他躲在屋里不敢见人，或者说得更明确一点儿，他根本不敢面对世界。五年里，他想到的只是如何结束自己的生命，然而，即便想到却也无能为力。

看着用略带自嘲的眼神如此回忆着的他，我很想跟他说，我懂。

我很想跟他说，三十年前，一个和我一般年纪、一般背景的孩子就曾想过，也这样做过。

也很想跟他说，你真幸运。因为有人适时地喊了你一声，拉你走出门外，让你知道门外青山依旧。

而三十多年前的那个孩子最后一眼的青山，也就是最后一晚了。

你在剧痛之后，带给自己也带给别人期待与希望。他却带给别人一生无法除却的剧痛与遗憾。

我是北大穷学生

马超

我常常回忆起我初入北大时的情景。

1999 年高考，我成了县里的文科状元，被北大中文系录取。我成为母校建校 60 年来，第一位被北大录取的学生。1999 年 9 月 4 日的早晨，日如薄纱，我和父亲在北京站下了火车，顺着人群走出车站。父子俩坐着绿皮火车，挤了 16 个小时，从一片天大地大的皖北平原，来到了这高楼大厦之中，疲惫到了极点，同时又对自己格格不入的装束感到不安。我记得很清楚，那天我上身穿着白色长袖衬衣，上面沾满灰尘，领口黑黑的一层；下面是褐色起球的休闲裤，有些短，把人吊着；脚上是一双劣质的黄皮鞋。最让我放不下心的倒不是穿着，而是手中拎着的那个塑料行李箱，那是临出发前在集市上花45元买的。离家不到10里路，它就完全裂开了。父亲不知从哪里弄来几段零碎的绳子把它紧紧捆住，里面的衣服从缝隙中拼命往外挤，我担心它随时都有再裂开的可能。

来北京上学，是我第一次坐火车，按理，该是有些兴奋的，但我一点儿也兴奋不起来。在合肥站上火车后，我拿着火车票，在拥挤的人群里找到我的座位，发现座位上坐着一个孕妇。我怯生生地告诉她，座位是我的，她却一句话也不说，像个小说家一样深沉地望了我一眼之后，就开始像一个旅行家似的望着窗外。我想告诉她，我是北大的学生，我想告诉她，这是我第一次出门远行，可我最终没有说出口。在那拥挤的空间中，我觉得那么不合时宜，最后我离开了，挤到了另外一个车厢里。

就那样茫然地在人群里站着，16个小时，我连口水都没喝上。父亲比我更惨，他和一个同去的亲戚被挤到餐车里，花钱买了个茶座，因为随时可能要换地方，他不得不扛着那个裂开的箱子在人群里挤来挤去。我听着旁边的人说话，不知怎么插嘴，也根本没有想插嘴，就那样沉默着。这第一次火车旅行让我到现在为止都害怕坐火车。那感觉就像小时候吃腻的食品，一遇到适宜的场景，便排山倒海一样从胃里涌出来。

那时，北大的一年级文科生是要到昌平校区的，校车拉着我们父子直接开到了那个偏僻的地方。我们家的经济条件不允许父亲在学校逗留很长时间，他必须当天就赶回去。一下车，我们就忙着报到、买被褥、买生活用品。父亲留下回去的车费，把剩下的300多块钱全给了我。中午，我们在食堂吃了顿饭，觉得饭菜很贵，也没舍得要什么菜，那算是我父亲来北京吃的第一顿饭。下午，父亲要走了，我们站在校区的那片槐树林里等校车。父亲说："你不要不舍得花钱，该买的买，该添置的添置。"又说了一些诸如照顾自己，不是在家里，不要想家之类的话。接着我和父亲便陷入沉默。他慢慢地转过身，望着那长满野草的球场和球场远处的树林。我看见他抬起手去擦自己的眼睛，一阵悲伤的情绪从我心中不可抑制地涌出。说来好笑，那时我差点儿说出一句话："爸，我想跟你一起回去。"

几年后，我在《鲁豫有约》节目录制现场，再次回忆起这个场景，还是忍不住心酸落泪。

后来堂兄写信给我，说父亲是第二天下午赶到家的。那天正好是我堂兄考上安徽农业大学摆酒请客的日子。父亲风尘仆仆地赶到酒桌上，众人端起酒杯，等他说话。堂兄说，所有的人都用期盼的眼神看着父亲，等他讲讲伟大的首都北京，讲讲千里之外风光的我。父亲还未开口，已经泪眼婆娑。他喝了杯酒，说："我们家的孩子在那里是最穷的一个，让他在那里受罪了。"之后，父亲泣不成声。

父亲走后的一个多月，我是靠着那 300 多块钱过活的。

我吃得很简单，夜宵是晚饭时从食堂买的一个馒头，简单但过得有滋有味，我像其他同学一样享受着自己的大学生活。每天早起到操场上读英语，白天上课，晚上看看杂书，有时也打打乒乓球。没有课的下午，我和球友们去踢球，我还记得"新生杯"上的第一个球是我踢进去的，我兴奋得满场狂奔。我幸福地过着自己的大学生活，不让人对自己的生活有怜惜之感，或者说我对于这些富与贫、乐与苦根本一无所知，无知者无畏。

不久，母亲写来一封信，错别字连篇。她在信里说，想跟着建筑队出去，给人家做饭，一个月有五六百块钱。那封信让我十分难受，我赶紧回信，说你要真去了，我就不上学了。母亲身体不好，怎么能做这种粗活呢？随后，我坐车来到北大的本部燕园，在家教公司找了一份家教，每周六教 3 个小时，共 100 块钱。这意味着我每月有 400 元的收入，我赶紧写信给家里人说我找了份兼职，生活不太紧张了。从此，我每周六一大早就要坐校车往燕园赶，再从燕园坐车去西直门，走一段路，到学生家上课，中午在附近吃点儿饭，再上下午的课。回来时，赶不上坐校车，就只能从西直门坐 27 路，换乘 345 路到昌平，再坐小公共汽车到南口。从南口到校区是一段林荫路，从小公共下来后，天基本黑透了，我要摸黑走 4 里路，两边全是果园和庄稼，路上只有我一个人。每次看到校区门口的红灯笼，我的眼睛都有点儿模糊，那种疲惫后的熟悉让我感到一阵阵的温暖。我还记得第一次拿到 100 块钱的补课费时，在西直门复杂的立交桥上，我找不到北了。

回到燕园后，我有了第一份不错的工作，帮一家文化公司写畅销书。最悲惨的赶稿，是一周之内我们 3 个人需要写 18 万字。那时不像现在用电脑打字，一切都是手写，稿纸一沓沓地写完，再一沓沓地买。白天写不完，晚上搬个板凳在楼道里写，6 天我写了 8 万字，拿到了 1800 元的预付金。这笔“巨款”让我兴奋异常，那时手已酸痛得几乎拿不起筷子。慢慢地，我对这种坐在屋里就可以忙活的兼职情有独钟。譬如帮人家写初中生阅读的稿子，我一夜写了 12 篇，篇篇通过。

从那以后，我辞掉家教，开始把更多的时间和精力用在看书和学习上，用在享受北大的生活上。我对很多课程有浓厚的兴趣。《东方文明史》的课，让我对楔形文字的起源感兴趣，北大图书馆查不到，我跑到国家图书馆去查。上白巍老师的《中国美术史》，我特意跑到故宫去看画展，跑到军事博物馆里去看中国油画展。是的，我像北大的其他学生一样，在学习，在努力，在收获。我开始学着写一些自己想写的东西。大二时，我的第一篇小说发表。我努力学习，每次期末考试前的一个月都不怎么睡，困了，咖啡粉直接倒在嘴里。早晨考试，买带冰的矿泉水让自己清醒。我拿过奖学金，评过标兵，体育得了奖，也获得了北大“优秀共产党员”的称号，我知道我的努力没有白费。

大三时，一位央视的编导来中文系男生宿舍找兼职，我当时是班委，给她介绍了几位同学。她不满意，让我去试试。我带着浓厚的好奇心去了，那天恰好遇到了2002年北京那场恐怖的、突如其来的大雪。我下午6点从北大南门出发，坐车去北三环的静安庄，平时40分钟的路，到晚上12点半才赶到。整条马路上都是车，都是人。我们是推着车往前走的，从人大一直推到了静安庄。那个夜晚的北京城混乱而有秩序。等我凌晨3点半从编导家里谈完出来的时候，马路上的车已经可以开动了。我们谈得不错，我开始在央视十套、四套的几个栏目做文案的写作和策划，几位电视人对我评价挺高，收入也还可以。后来，我对文案写作已经很熟悉了，干起活来也如鱼得水，我决定退出来不干了。这个决定大大出乎编导的意料。她挽留我，我笑着说：“我还想做些别的。”

从大二下学期开始，我不再向家里要钱；大三下学期，我开始帮姐姐支付一部分生活费和学费。在北大读研究生时，我开始写剧本。

妹妹上大学，上的是第三批录取的本科，家里打电话来说学费很高。我说没事，让她去吧，有我呢！暑假我送妹妹去上学，前后给她交了1.7万元，还留下3000块钱生活费。

是的，这就是北大的生活：它让我感激，让我留恋。这里不会因为贫穷而让你止步不前。我的两位好朋友，家境很好，现在一个在美国读书，一个在新华社工作，再相聚，依然笑声不断。我们没有隔阂，我们谈论的是快乐和幸福。谁也不会因为你困苦而对你照顾有加，一切需要你自己去实践。这里是北京，这里是北大，这里有无数的年轻人，这里有无数的脚步。他们来来往往，有过陌生和熟悉，有过泪水和笑脸，有过朋友和异己，有过丑陋和美丽。当你把其中一个脚印放到镜头前，放大，放成8英寸，放成12英寸，放成毕业照一样大的20英寸，你从中发现的是自己身上的一种坚韧和力量，更重要的是，从那个脚印里，我们欣然发现了自己悄悄遗忘的微笑和幸福。

成长的烦恼

马小淘

“你的理想是什么？”

“我当然不会告诉你。”

这是2008年末参与电视谈话节目时，一个当教授的嘉宾问我的问题。接过问题的刹那，我觉得他真有趣，又不是很熟，干吗唐突地开这种玩笑。我怎么可能在摄像机面前云山雾罩地谈我一个人的事情，而且那是多悲怆肃穆的话题。

节目录完，我在冬天的地铁里昏昏欲睡，没来由地又想起那个问题。我的理想是什么？当一个作家？显然不是。我已然过了一说理想就想到职业的年纪。我的理想是：不劳而获，天上掉馅饼并且我能吃到，成为世界第一美女。我不是在胡扯，反正理想就是大话，是临终前拿来缅怀的。我是真诚的。

后来我像得了什么后遗症，在当晚网上聊天的时候问一起长大的朋友 J：“你的理想是什么？”

他先是发来一个流汗的表情对我的没头没脑表示错愕，接着反问我：“我没理想，你不知道啊？”

“你果然跟我差不多。”

“小时候起哄说当科学家来着，结果还真快实现了。”J 哼哼哈哈地自嘲说。

J 在英国读硕士，方向是核物理。专业是挺唬人的，但每每得知他的近况，都是又买了几个相机，又洗了多少胶卷。我心里说，一个每天拍照三小时以上的人，还是开影楼吧，别做科学家了。

后来我又问了一个朋友，还是理想的事。

对方回答说：“好容易见一面，你别闹了。”

好吧，我不闹了。

我们和上一代确实是不一样的，虽然我们是他们教育出来的。我爸告诫我要远离插座、电源，大人不在家不许轻举妄动。为了加深印象，还讲了切身的教训。他说他当兵的时候，有一次不小心触电了，拇指被击了一下，顿时打出一个泡。他说那是极短暂的一瞬，甚至可能不足一秒，但是他体验到了将死的绝望，脑海里千头万绪想到许多。

我说：“爸爸，你疼死了吧？”他说，他当时想：“完了，我的人生，我的理想，我的抱负，都实现不了了。”其实，我当时就想说：“爸爸，你别闹了。”不过看着他深邃的目光，我忍住了。

不谈理想的日子，有几年了。被迫谈理想的岁月也已经过去了。小学、初中、高中，我们都不止一次写过那个老生常谈的——我的理想。

小学之前，我妈妈就已经不厌其烦地给我讲过理想的含义。我们小学第一次写《我的理想》时，有些同学很迷惑，不知道题目指向何方。于是，老师先讲了讲“理想”，这个宏大的词语。

那时，我喜欢涂涂抹抹，如果面前有纸和笔，我一定闲不住要画点儿什么，好像还很高调地想给自己更名为“神笔马良”来着。

写完那作文，我回家跟我妈炫耀。我写的是：我要成为像普希金一样出色的画家。

“孩子，普希金是诗人。”我妈脖子前倾地盯着我说。

“哦，这样啊。那我明天跟老师商量商量把人名改了……普希金，三个字，画家，名字是三个字的画家有谁？”

“不提像谁谁一样不行吗？”

“不行，老师说了，就是我想当像谁谁谁一样的啥啥啥。”

“那张大千吧。”

“我喜欢外国的。”

“那毕加索吧。”

于是，第二天我蹑手蹑脚地在讲台上翻出自己的作文本，拿橡皮和笔把“普希金”三个字全部替换成了“毕加索”。不过，说实话，那时候我就隐隐约约知道离长大还有很长的日子，谈理想为时尚早，并且我还知道，我对画画也没喜欢到非当画家不可的程度。果不其然，我四年级时就不喜欢画画了，面前有笔有纸也不过是毫无章法地瞎划拉。但是，我还是坚持写我想当画家，毕加索那样的画家，因为知道年龄小说话不用负责，说了也就说了。

我那时候挺爱谈理想的，碰到刚认识的小朋友，还挺自来熟，经常用的开场白就是："你长大想干吗？我打算当画家。"结果有一次碰到个很严肃的女孩儿，她说，她的志向是做一名军人。同时举起右臂，握拳做威武状。说完，她还越发挺起了胸膛。我一看这位连闲聊都是演讲范儿，立马无语了——不是一个层次。我连理想都是对付的，哪好意思跟人家继续交流呀！

小学毕业之后，我妈很郑重地告诉我，她希望我做个外交官，最好是驻法兰西的。我说："法兰西是哪儿啊？"她说就是法国。我想都没想就答应了。这之后我就在作文里写：我要做一名外交官，在国与国之间架起友谊的桥梁……反正说得挺悬的，好像只要有了我，中国和法国就一派祥和。写着写着，我自己都觉得我才华横溢、风华绝代了。

其实，去法兰西做外交官一直是我妈童年的理想。因为诸多外因内因压根儿连芽都没发，所以她多年来耿耿于怀，希望我完成她何止是未竟简直是没启动的事业。再加上他们那代人是非常拿理想当回事的，所以不由分说就把"法兰西"这个古怪的名字塞给了我。多年以后，我以旅行者的身份踏入巴黎，还真下意识地想起来了，这里差点儿成了我的工作地啊！在凡尔赛宫、罗浮宫走马观花时，竟有些失落地想，其实听了妈妈的话也挺好，法兰西着实如她灌输的一样风情万种。

多年以后，还有人提起我要做外交官的事情。他们嘲弄我口无遮拦又慌张邋遢的性格，说当年就看出我压根儿干不了那义正词严的事，我要真是阴差阳错地被派往哪国，肯定把简单的事处理得乌七八糟。

人不犯我我不犯人，人若犯我我必犯人。我亦疯狂反击，嘲弄他们儿时的大话：一门心思想当飞行员的某女成了化妆品公司的白领，矢志不渝想当演员的某男扎进了铁道部的办公室，渴望当警察的卖起了游戏机，想做企业家的学了兽医，愿为计算机献身的成了武警。苍茫大地，谁也没主沉浮，除了极少数人按照既定方针到达目的地，大部分人已经找不着原来的跑道了。

我们之所以把各位的理想记得这般清楚，是因为每个人手里都留着当年的第一手资料。初三时，语文老师发给我们每人一张蜡纸，让大家把题为“我的理想”的作文誊上，而后她油印出来，装订成册，一人一本。她说，十年二十年之后，我们再看到那本塞满理想的册子，必会感慨欷歔。彼时已是作业、考试比着多的阶段，没谁还有举杯邀明月的兴致，我们几乎将语文老师的行为视作不合时宜的闹场。虽说人人都按要求做了，但私下里都觉得这是浪费时间。如今回头看，语文老师真是高瞻远瞩，多亏她当年的一意孤行为我们留下了纯真懵懂的纪念。一页页翻过去，那粗陋、发黄的纸上仿佛浮现出我们青春期的面容。那时候我们可能浮皮潦草，也并不太真诚。工程师、律师、会计师、思想家、画家、歌唱家……各种师、各种家一应俱全，不知该说是抱负远大还是好高骛远。可是那稚嫩又自负的语句，那工整却笨拙的字迹，像记忆里的第一场春雨，轻盈地扑面而来，把心浇得湿淋淋的。十几岁的我们常觉得自己挺颓废，可其实我们还以为“世上无难事，只怕有心人”“有志者事竟成”是真的。如今其实也不过才过去十年，却陡然见识了传说中的面目全非。成人世界除了我们当年预见的稳健爽利，还有一堆未曾料到的无奈和不如意。那时成绩总是力拔头筹的小溪陷入苦恋，靠未婚先孕勉强见到了未来的婆婆；既会吹笛子又写得一手好字的纤瘦少年小海做起了批发打包餐盒的生意，甩着超过二百斤的肥膘成了当年自己粪土的万户侯；曾经野性难驯、出口成章的小嵩笑眯眯地看着老婆的脸色，已是两岁女孩儿的父亲。还有很多很多人，毕业照就是最后的信息，此后杳无音信再无联系。像一把豆子被丢进森林里，彼此分散，再无声息，我们只在那本语文老师自行装订的册子里才能齐刷刷地聚在一起。滚滚红尘，茫茫人海，分易聚难，我们和理想的关系，在那册子里丝丝缕缕。

又看了那册子，放得太久，已经落了一层灰。翻开恰同学少年风华正茂的往昔，尘埃混着梦想散落一地。那里边，我信誓旦旦装作一心要去法兰西，他指天发誓要当总经理……我还想说些什么，却忽然想起辛弃疾。他在宋朝谈理想，几乎谈了一辈子，我记得最清楚的却是与理想无关的半句：天凉好个秋。

向着明亮那方

林特特

她们没有交集，除了出生年份相近，各自拥有一段非凡的经历，再就是，与她们相关的书一并立在我的书架上。一日，我翻翻这本看看那本，忽然发现，她们之间有些共同的东西。

金子美铃，1903 年出生于日本的一个渔村。成年后，她在继父的书店打工，又嫁给书店的店员。丈夫无良，将她传染上淋病，离婚后，又把女儿带走了。1930 年 3 月，万念俱灰的她选择自杀。

这不是一出寻常的悲剧，金子美铃的另一重身份是 20 世纪 20 年代日本童谣运动中的“巨星”。她被诗人西条八十誉为“拥有日本女性罕有的想象力的飞跃”。

“罕有”没能让她摆脱庸常的命运，却在有限的生命里，带给她超越庸常的欣喜。

比如，20 岁时，她的第一首童谣《鱼儿》发表，有人描摹那时的她，说：“越写越开心，越写越好……写童谣渐渐成了她的第一大乐趣。”彼时，她的生活与诗毫无关系，她正帮着家里打点下关小书店的生意。

又比如，1929 年，她在笔端温柔映照的《麻雀》——

“我有时候想：我要给麻雀喂好吃的，把它们养乖了，给它们取名字……”

晶莹文字背后，没人猜得出，这时她生活困顿、婚姻出现危机。

她的作品的中文译本《向着明亮那方》，书名取自她的同名诗——

“向着明亮那方，向着明亮那方；哪怕一片叶子，也要向着日光洒下的方向。灌木丛中的小草啊……”

读着诗句，我无法将向着明亮的诗人与绝望自杀的少妇统一，能统一的只有后人的分析：童谣“是她的小花园，她被丈夫退回来的灵魂可以永久居住的地方，她的小世界”。

那么，没有童谣呢？

伊莲娜·内米诺夫斯基与金子美铃同龄。

她是俄国一户富贵人家的女儿，26 岁在法国用法文写作成名。此后，10 年文学路坦荡无阻，直至二战爆发。因为是犹太裔，法国政府拒绝她加入法国国籍，剥夺了她出版作品和工作的权利。一夜之间，天翻地覆，她不得不戴着代表其身份的黄色星形标志躲在小乡村。

面对浩劫，她以贝多芬《第五交响曲》为摹本，构思了一部史诗型的作品《法兰西组曲》。她的时间只够完成其中两部——《六月风暴》和《柔板》，因纸张不够，窘迫的她只能用小字在笔记本上密密麻麻地挤着写。

“为了举起如此沉重的负荷，西西弗斯，我需要你的勇气。我并不缺少完成这项工程之心，但是目标长远，时间却如此短暂。”

她这样激励自己。

“我的周围是松树，我坐在我的蓝色粗羊毛衫上，在一片腐烂的枯叶的海洋中央，前一夜的暴风雨浸湿了叶子，我双腿盘坐，好像坐在救生筏上。”

她在拉麦森林里写作时这样写道。这是 1942 年 7 月 11 日，两天后，她被送进奥斯威辛集中营，一个月后行刑。

我不知道是她的勇气促成《法兰西组曲》，还是《法兰西组曲》给了她勇气，行至生命最后仍保留尊严，使她异于那些仓皇应对变故的世人。

张瑞芬比她们小 1 岁，家在广东恩平。

她 17 岁赴美，27 岁响应孙中山“航空救国”的号召，成为林肯航空学校唯一的女学员。《航空女杰》记录了她在中国航空史上创下的 8 个第一、6 个唯一：第一个中国女特技飞行员、第一个滑翔降落的中国女子、取得 3 种飞行执照（私人、商业、国际）的唯一中国女子……

1942 年，面对弥留之际的父亲最后的要求，她发誓再也不飞了。

我关注的是她停飞后的经历——

她在机场附近开了家花店，每隔一段时间，就带着女儿去看飞机。每次去机场，她总隔着铁丝网往外看，说：“看一看飞机，看一看那些戴着飞行帽的精神抖擞的飞行员。”

1995 年，她的曾孙在学飞机驾驶。一日，她赶去机场观摩，91 岁的她登机，摩挲着驾驶杆，对教练说：“我曾是个飞行员。”然后，独自驾驶，飞了半小时。

想来半个世纪，真正的她只活了这半小时。但如果没有这“真正”的存在，一个寻常耄耋老太如何保持在高空航行的心力？

她们都是传奇。

成年后，我一直思考，所谓理想、梦想抑或基于原始冲动追求的“明亮那方”，于普通人等、庸常人生究竟何益？

没有更多益处。生老病死诸多苦，无一能消除。

除了，生命短时，它让其显得好。

除了，遭遇相同时，它让你“退回来的灵魂有个可以永久居住的地方”。

除了，你秉着“calling in life （生活的召唤）”，完成你的使命时，有逢山过山、逢水过水的勇气，如一张“救生筏”，渡一切苦海。

别让别人的看法，挡住了你的光芒

策划的艺术

沈岳明

著名杂耍家史密斯，培养了大量顶尖杂耍人才，其中不少人还获得了国际大奖，可谓桃李满天下。他的杂耍项目繁多，如多人重叠、走钢丝、抛飞刀，最为著名的要数空中飞人。每年他都会接到大量邀请函，带着杂耍团满世界飞来飞去，为人们表演。

报纸、电视等媒体每天都要报道史密斯的行程，以及他的杂耍团的表演情况。凡是与他相关的消息一经报道，必定引起人们的关注。这引起了总统的兴趣，总统决定要看一场史密斯的表演。

这个消息一经宣传，顿时引起了强烈反响。因为总统反复强调，这次一定要史密斯亲自表演。的确，以前的杂耍都是由史密斯的弟子们表演的，几乎谁也没有看见过史密斯亲自演出。弟子们的表演都那么精妙绝伦，师傅的表演的精彩程度岂不是无法形容？谁也不想错过这千载难逢的机会，于是，表演大厅的售票处一开放，门票就被一抢而空。

期待已久的演出即将开始，所有人，包括总统，都正襟危坐面带微笑地等待着开幕。有人还将两手摆成了鼓掌的姿势，只等好戏一开场便用力地鼓掌，为史密斯先生叫好助威。当史密斯先生终于出现在舞台上时，他却十分抱歉地对大家说：“我根本就不会表演，如果想看精彩的表演，还不如让我的弟子们出场。”这时，很多人都觉得十分扫兴，如果不是史密斯过分谦虚，就是他太瞧不起人了，被瞧不起的人中还有尊敬的总统先生。

果然，总统先生不同意，他坚持要看史密斯亲自演出。史密斯无奈，只得硬着头皮给大家表演。一个节目还没表演完，全场便多次响起了雷鸣般的掌声。人们笑得直不起腰，甚至笑出了眼泪，有的拍红了巴掌还不愿停下来。

原来，史密斯的演技差到让人难以想象。他甚至连一个普通的踩单车的节目都演不好，短短几分钟时间，他便在台上摔了十几个跟头，那架单车都摔得散了架。表演抛碗时，他才抛了几下，一只碗便啪的一声摔得粉碎。欢呼声再次响起，在激烈的笑闹声中，史密斯一连摔掉了十几只碗，才尴尬地从台上退了下去。

史密斯在台上总共表演了五个节目，一个节目比一个节目的水平差，令观众大跌眼镜，可是从观众的反应情况来看，则一个节目比一个节目火爆。观众的掌声和欢呼声一浪高过一浪。尽管史密斯的杂耍团一直很受欢迎，可是还没有哪次演出能获得这么多的掌声。就连一向不苟言笑的总统先生，也哈哈大笑了半个晚上。

此时，主持人上台郑重宣布：刚才为大家表演节目的，是与史密斯先生外貌相像的史密斯先生的胞弟，他本是一位喜剧演员，今天受哥哥之邀特来博取大家一笑；现在由真正的史密斯先生为大家表演。人们这才明白过来，全场再次爆发出雷鸣般的掌声。

显然，史密斯先生的演技是不错的，无论哪一样都很出色。特别难得的是，他已经是快五十岁的人了，还敢为大家表演走钢丝。当史密斯表演完毕，大家长吁了一口气，掌声经久不息！

史密斯心里清楚，这台演出主要成功在自己的策划上。如果不是担当喜剧演员的弟弟首先出场，既愉悦了观众，又降低了他们的心理期望值，他的演出又怎能取得如此轰动的效果呢？他的演技跟弟子们差不多，何况他上了年纪，很多地方还不如弟子们，如果一开始便由他为观众演出，显然毫无新意，平淡无奇。一向喜新厌旧的观众也不可能给他那么多掌声。

人生总是站在各种各样的舞台上。当你身处劣势时，除了努力和奋斗，还需要懂得策划的艺术，化解尴尬，给他人惊喜，成就精彩的自己。

女子不俗

芷焉

一

在杭州住了两晚，认识了两个不俗的女子。一个女子名字叫静，大三学生。那晚在西湖边一家饭馆吃饭的时候，我坐在她对面，距离不到两米，一直举着相机想捕捉她脸上那种安宁的神情，但拍了很多张都不满意。或是我摄影技术差？反正脸对脸看就有感觉，但一举起相机就不行了。古人也说“意态由来画不成”啊。

她小小年纪就已进藏两次，游过柬埔寨，且都是只身一人，也能够自夸经历不凡了，她说起来却是淡淡的。其中有两句话给我留下比较深的印象。一句是说柬埔寨孩子问她："中国人都到哪里去了？"

她说，现在有不少外国人到柬埔寨贫困地区做义工，美国、英国、日本、韩国的都有，但没有中国人。静是去旅游的。她应该在那里受到了很大刺激和震动。听到孩子天真的提问，连我都感觉到一股冲上来的热浪。

另一句是我听她说想以后投身 NGO（指非政府组织），我问她："同学中有跟你一样想法的人吗？"她回答说："没有。"

投身 NGO 就意味着只奉献不索取或多奉献少索取，在国内有这样想法的人应该不多。

我很被她的话打动。

在杭州短短两天，她帮了我们好些忙。帮我们订旅馆，陪我们游西湖，把照片存盘……所有的一切，她都做得自自然然。我很感激也很欣赏她。

女子不俗。

回到东京，旅游中愉快的情绪平静下来，想起静，竟渐渐有些疑惑。她的与众不同对我们来说很好，我们欣赏她，如同欣赏西湖美丽的风景，可对她自己呢？说实话，我越想越觉得她的前景模糊不清，甚至堪忧。

当然哪一条路都会有坑坑洼洼，但不同之处在于，普通的路、走过的人多的路，前面的人知道坑在哪里、洼在哪里，后面的人走起来就容易了。可走在很少有人去的地方，掉进陷阱摔得头破血流的可能性就大多了。

我想这就是不俗的代价吧。

二

另一个女子叫宁。想起她，就像又看到她那双眼睛，连一圈睫毛都带笑，亮晶晶的，透过镜片发光。

我走过的地方也算不少了，仔细回忆，不管在国内、国外，还没有见过成年人有这样的眼睛——干净清澈，充满了童稚的依赖和顽皮。

都说眼睛是灵魂的窗户，可宁活得并不好。

宁属于“晚熟”的成人，完全不是智力问题。她曾是北京一所名牌大学的教师，多少人梦寐以求的职位，她却主动把它放弃了。人往“高处”走？不，她就没有。

她不喜欢北京，评价北京的话说得十分决绝。

宁住在风景秀丽的西湖边上一家经常客满的小旅舍里。她每天有两件大事：上教堂和给猫喂食。

我看过她喂猫。晚饭时间，坐在小旅舍的庭院里，她把饭倒在地上的盘子里，叫几只猫来吃。猫争食时，她就很慈爱地把强的那只推开，训斥了它两句，回头对我说：“我真不懂它们为什么要争食。”她脸上露出真诚的烦恼。

我们相识刚一天，她就主动陪我游西湖；吃饭的时候，她忙上忙下格外周到。可是，这孩子，连猫争食物都无法理解、无法接受，那人呢？难道她真认为，所有的人、所有的猫都应该为对方着想、向对方让步？她说她想留在这家旅舍当保安，照顾这几只猫。为什么她的爱不想给她的亲人、朋友、熟人或者穷苦人，而是给猫？

她真的这样爱猫，离不开猫吗？有真爱动物的人。我看过介绍南非著名的驯兽师、动物学家凯文·理查德森的纪录片。其中一组镜头是，两只身体比他大得多的成年狮子在草地上扑向他，爪子搭在他身上，他们滚到一起拥抱、亲吻，还有他抱着刚出生不久的狮崽用奶瓶喂它。解说词里说，动物园里有许多动物都是他从几个月大开始喂养的。“我从不用棍、鞭或铁链，只靠耐心。这活儿也许危险，可对我，是一种激情……”

凯文学的专业是人体生物学，当过病人术前、术后的心理咨询师，十年前开始做驯兽师，理由是“你永远不用担心狮子会在背后对你猛捅一刀”。凯文有未婚妻，这表明他跟人相处得似乎还不错。

比凯文更极端的，是世界著名的大猩猩保护人戴安·弗西。她在《薄雾中的大猩猩》一书中谈到的两件事给我留下很深的印象。一件事是弗西第一次见到大猩猩时，“我们从树丛的间隙中偷偷望去，几只同样好奇的灵长类动物也在偷偷地望着我们。它们有着黑色皮革般的面孔，庞大的身躯甚为壮观，我被深深地打动了”。

另一件事是一个下雨天，弗西在丛林里感到又冷又孤独，突然，蒂吉特（跟弗西最亲的一只猩猩）用手臂搂住她。她抬头看到蒂吉特温和的褐色眼睛。它轻拍她的脑袋，坐在她身边。弗西说：“每次离它们很近的时候，我都会心花怒放。”“我真的希望自己能够给予它们什么作为回报。”

这才是缘分和真爱。凯文和弗西的不同只在于凯文的眼睛看人也看动物，而弗西的眼睛只看动物。

可宁呢？我还没有听说有中国人自愿长期进入丛林、沙漠，与动物为伍。宁也不可能成为第一个。并非仅仅因为不喜欢某个城市，她就能在那种艰苦、寂寞、孤独、无助中坚持下去。

她从北京逃到杭州，从课堂逃到教堂，还想逃吗？还能逃到哪里去呢？

她既无法彻底逃避人群，也无法彻底走近动物，能就这么一辈子徘徊在人和猫之间吗？

真能，就好。

你是第几等快活的人？

王开林

有人曾问钱钟书先生是否认为金钱万能，钱先生以一贯诙谐的口吻回答道：“我都姓了一辈子的‘钱’，难道还会迷信它？”钱钟书先生学问深，志行高洁，手面也不窄，所以能用“太极推手”四两拨千斤。若换了旁人，即便是辱没列祖列宗的那号顽主，在财神爷面前，也总要恭恭敬敬烧上一炷高香，无论如何也不敢开罪这位高视阔步、腰悬大串大串金钥匙的老前辈，除非他存心不想过上好日子了。

“金钱是万恶之源”，我不知这话最初出自何人之口，但可以肯定，他特别怀旧，而且怀的是原始社会那样的旧，要不然就是受了一辈子憋屈，到老也无转机，便咬牙切齿，愤愤不满地诅咒一句，以泄心头之恨。

金钱真有那么坏吗？谁要是这样发问，显然十分幼稚，也十分滑稽。金钱只具有物性，不具有人性，同样的钱，在肮脏的手上是肮脏的，在干净的手上则是干净的；用它购买军火、毒品、砒霜，可以杀人；用它建造医院、育婴堂、养老院，则可以救人，完全视乎金钱拥有者的心地品行而定。

有钱，不仅仅意味着你锦衣玉食，而且意味着你在人世间将通行无阻，时时保持尊严；没钱，不仅仅意味着你布衣粗食，而且意味着你在人世间将寸步难行，常常遭受屈辱。

其实，金钱在指向物质的同时，也指向精神，而且许多时候都以后者为归结点。世间只有少而又少的富贵人物能口不言钱，手不沾钱。晋人王夷甫称金钱为阿堵物，多少有点儿作秀的成分，他是权门子弟，根本无须为家用操心，便索性扮成玄学家，谋取虚名。世间也只有少而又少的智者能够跳得出金钱的五指山，渡得过欲望的什刹海，但那也多半是因为浊世乱世无正当的致富之道。如果能义而致富，仁而致富，颜渊、原宪竟不为，依然要栖住陋巷，箪食瓢饮，那就没有任何值得称道的地方了。岂不闻孔子也曾如此感叹说："富而可求也，虽执鞭之士，吾亦为之。如不可求，从吾所好。"所以说，孔子周游列国却求售无门，万不得已而安贫乐道，实属无奈的成分居多。

这个时代，两种人最容易被钱咬伤：一是太穷，你认识钱，钱不认识你，被它猛咬一口，应在情理之中；二是太富，与钱厮混得热络了，便贱待它，专派它做些狂嫖滥赌之类的肮脏事，哪天它不乐意了，也会将东家咬出一道致命伤。因此，你不要轻下定论，说钱这东西趋炎附势，专门迫害穷人。“富不过三代”的话，恰恰说明，钱对富人也未肯忠心耿耿地长期追随。它什么时候不高兴了，眼睛里就不认得任何人。

人可以不为财死，鸟可以不为食亡，那该是怎样的人，又该是怎样的鸟呢？梭罗那样只过俭朴生活的圣人连朽骨都已不剩一根；凤凰那样只食练实的异鸟则只在传说中出没。更多的人都是凡人，更多的鸟都是庸鸟，怎么办？“君子爱财，取之有道”，这就很好，心态十分健康。有胆，有识，有才，有手段，有谋略，有智慧，芸芸众生自然有得一比，但还须恪遵游戏规则。比尔·盖茨成为世界首富，大家心服口服，倘若让意大利黑手党首领或某大国头号贪官成为世界首富，情形又将如何？毫无疑问，世间所有富人都将因此蒙羞。

追求财富、积累财富是公民的正当权利，只要手法干净漂亮，便无可厚非，甚至令人赞赏。然而永无餍足的贪婪将危及社会，攫取非分所得，则相当危险。伸手被捉的事在现实中屡见不鲜，仍然有人满怀侥幸心理，白天如履薄冰，夜晚还要盗汗，老是梦见警察戴着手铐来抓捕他，像这样担惊受怕，不义之财再多又有什么意思？财富既是个人的，也是社会的，挥霍与吝啬都不可取。财富既可成就人生幸福，也可颠覆人生幸福，就看你是否善于使用它。

世间第一等快活的人有钱就做善事，第二等快活的人有钱就做乐事，第三等快活的人有钱就做闲事，第四等快活的人有钱就做蠢事，第五等快活的人有钱就做坏事。试问，你是第几等快活的人？

你是正常的傻瓜吗？

奚恺元

先出一个题目：某日，你下班后等公交车，半个多小时过去了，它还没有来。这个时候，你的同事小白也过来等车。他看到这种状况，就提议你们一起打车回家。你觉得这是个好主意，但是，细想下来才发现，自己的方向和小白的恰好相反，一起走是不可能了。小白自己打车走了。你呢？如果从这里打车回家要花 30 元钱，乘公交车只需要 2 元钱，你会如何选择？

通常，大家会计算，我既然已经等了很久，也不差这一会儿，所以，继续等下去。也许真的 10 分钟后，车来了。你和一起等了很久的人拥挤地回到家里。虽然时间很晚，你也被挤得比较疲惫，但是，你仍然为自己节省了 28 元钱而感到高兴。

你的答案是这样的吗？如果是，那么你就是“正常的傻瓜”。你遵循着自己非理性的感受，却忘记了理性地对待自己的生活。

别不服气，先介绍个概念给你——沉没成本。沉没成本是指那些已经发生却又不可收回的支出，包括金钱、时间、精力等。行为决策理论专家发现，人们在决定是否做一件事的时候，不仅要看此事对自己有无好处，还要看过去自己在此事上是否有过投入，这被称为“沉没成本误区”。

常见的例子是，一个家庭希望孩子学钢琴，花了不少钱给孩子买钢琴，可没几天小家伙就厌倦了。家长看到投资要成为废品，很焦虑，于是找来家庭教师，同时，又给孩子报更贵的班，并且使用逼迫手段。到了最后，孩子对钢琴的态度变成了反感。我们看到，家长们因为冲动地投入，陷入了沉没成本的深渊，甚至不惜牺牲孩子的兴趣和快乐，沉没成本误区让他们完全忘了自己当初买钢琴的初衷——让孩子快乐地成长。

再想想上面的乘车问题，既然前面已经投入了那么多不可收回的时间，你完全可以结束这样不确定的等待，让自己舒服地尽快回家去。只不过，你和小白不同的，偏偏是前面的付出。所以，你更容易因为前面的等待而继续等待。

当然，我也是“正常的傻瓜”之一。前段时间我去做名片，为了图方便，就在附近找了一家店。结果印出来一看，背面色彩花成一片。老板一再道歉，表示可以帮我重印。我对这家店的服务已经很怀疑，但想到自己已经在这里印了，也就同意了。等了两天，去店里看，老板说印刷机坏了，很快就修好。我心里不高兴，但想到已经到了这一步，就等下去吧。又过了两天，我再去问，老板说，机器修好了，但刚刚又坏了。我火冒三丈，却也没有办法，只好再等。终于，在我忍无可忍的时候，名片印好了。虽然看起来还是不那么让人满意，不过我已经不打算再耗下去了。就这样，我拿着一盒别别扭扭的名片，结束了我的“沉没成本”噩梦。

前一段时间，股票狂跌，一个朋友坚持不住，终于在低点清仓。他卖完之后不久，股市又出现回暖的迹象，他懊悔不已，又买回原来的股票。我很奇怪，问他为何又投资原来的股票，他说自己很看好这只股票，只是当时下跌太快。损失给人们带来的痛苦，往往比因等值收益而获得的快乐更大。“损失规避”使我的股民朋友在面对损失的时候，失去了理性，放弃自己本来看好的股票。虽然他常常宣讲长线投资，但是，在损失面前，他仍然没能保持理性。

人生中这样的故事太多，有时候，人生本身就是这样的一种投资决策。一个大学同学，上学的时候就不喜欢自己的专业，就业时迫于压力还是从事了相关工作。从上班的那一天起，他就在说跳槽，可是至今，8 年过去了，他还在那个职位上痛苦着、抱怨着。每当我问起他为什么不走的时候，他的理由都会是“已经做了这么久了”“年龄大了”！

人们总是会把注意力放在直接的损失上，却常常会忽视自己的机会成本。在等待的岁月里，其实许多机会都已经过去了，人生的激情也慢慢耗尽了。

那么，从现在开始，你是打算做“正常的傻瓜”，还是理性的决策者呢？

当然也要说明一下，我们那些“正常”的感性有时候也可以利用起来，使自己生活得更好。比如：一次性地交一个月的健身钱，促使自己坚持锻炼。

那些笨笨的人儿

史航

福尔摩斯有句谚语，我在写话剧《艳遇》时用过：“笨蛋虽笨，总有更笨的笨蛋为他喝彩。”所以说，聪明是有止境的，愚蠢是无止境的。

说到笨人，大家很容易会想到郭靖。郭靖虽然笨，但是他按照自己的轨迹生活得很好，他的笨源于信赖别人。在我写的那一版电视剧《射雕英雄传》里，郭靖和黄蓉走到太湖边，他就问：“蓉儿，这就是大海吗？”黄蓉说：“是的，这就是大海。”郭靖很高兴地说：“我来到蓉儿小时候住的地方了。”原本是逗人玩儿的黄蓉，听到这样的话会歉疚一下的。郭靖寻找大海就是想要找到他所喜欢的女孩子小时候住的地方。所以说，笨人有时候很容易触动人很温柔的一面。我还写到，郭靖和洪七公落难到海上时，郭靖说他想到了他的兄弟，七公问是哪个兄弟。他说："不是蒙古草原那个，太远了，我不知道他在做什么；也不是杨康兄弟，他心事太多，我不知道他在想什么。现在想的是周伯通周大哥。虽然很多人说我们结拜得很傻，但是既然结拜了我就把他当大哥。我总是听不懂他的笑话，他当时会很生气，还会打我。我刚才突然想明白他讲的一个笑话了，又高兴，又难过，所以想他了。"这是一个很笨的人所想的一切，一个笑话他也要等好几天，经历过生死、惊心动魄的事情后才能想起来，想明白。但是这样的人，他的心是留有痕迹的。聪明人的心是坚硬光滑的，很难留下什么。笨的人会把事情当真，如果大家都认真一点儿，这个世界就很有意思了。

还有一个著名的文学形象——好兵帅克，他是一个把什么都当真、又笨又可爱的人。这部著名的捷克小说，后来又被拍成了一部了不起的电影。第一次世界大战期间，奥匈帝国的普通士兵帅克，用装疯卖傻的方式嘲弄了整个世界，作者也借这一人物透露出反战的情绪。他是故意装傻还是真傻，看了书你很难断定。在文学史上如同人们讨论哈姆雷特到底是真疯还是装疯一样，各有争论。比如他的军官给某个女人写的情书，帅克却给送到丈夫家里签收；洗澡后的他却误穿上敌人的衣服，被人当成间谍，别人套他的话说："你觉得我们的战争怎么样？"他说："仗打得很笨……我们的皇帝脑子里都是狗屎……"书里形容他永远用一双善良的、无辜的、像孩子一样的蓝眼睛那么看着你，弄得你不知道怎么惩罚他。好兵帅克就是用最简单的观点来回答很复杂的问题，让别人觉得别有用心，气得要死。

俗话说：笨鸟先飞。笨鸟为什么要先飞？如果是为了超过别人，那其实还是聪明人，这个笨是打引号的。笨人是不和别人比的，一心就想跟大家在一起。就像 2007 年里最火的虚拟人物许三多，他不是想要飞到别人前头，对他来说："我进步是为了让大家不着急、不生气、不被拖累。"但是他一进步，把史今班长顶走了，他就崩溃了。许三多身边重要的人都是他笨笨地想留住，但是一不小心就把人挤走了的。笨就在我们身边，是那么亲切、熟悉的事件，只是我们不知道世界有这样大的力量，等于说一个笨人让很多聪明人都更有了力量。表面上，许三多被栽培成才了，但是他激励了成才、袁朗等人。所以说，笨人对别人是有养分的。

在我最喜欢的电影《麦兜故事》里，麦兜在电影结尾的时候说："我现在才知道，原来贼不一定力气大，力气大也不一定会赢。原来笨不好笑，笨会失败，笨会输。"看到这里，我的眼泪稀里哗啦的。

你知道聪明和幸福的区别吗？如果你以为自己聪明，那你不是；如果你以为自己幸福，那么你就是。

皮肉与灵魂

张鸣跃

中国洛阳有一位锻铜浮雕大师王书品，因打造的铜脸闻名于世。一副伟人像，一块铜板，用大大小小的工具，敲敲打打，凿凿锻锻，厚厚的铜板有了头形，再显出脸廓，再显出耳朵、鼻子、眼睛，再细细打磨，成了。得见自己的铜脸的人都会大吃一惊，会从自己的铜脸上看出许多从未看出的东西，并大为感动。普京总统看见自己的铜脸时就惊愣了好一阵子，然后举起大拇指说："了不起！谢谢！"

那日来了一位明星小姐，美艳逼人，报上身份后拿出几本相册，让大师挑一张最靓的打。她一定要打，不答应她就不走，软磨硬泡。大师以实相告说："真不适合！"明星小姐恼了，说："眼里只有伟人？

我就打！都是脸，都能打！”大师知道推辞不过了，只好翻看相册，忽然眼睛一亮，喜道：“老人是谁？”明星小姐说：“我爷爷。他苦了一辈子，不听劝，自己愿意死守在山里老家，你看他……”没说完，大师就说：“好吧，我就打你爷爷！”明星小姐不懂了，大师也不解释。最后她要求大师两个都打。大师想了想，答应了。

两张照片，一张美艳绝伦，一张老皱不堪。

一个月后，两副铜脸打好了。明星小姐为了炫耀打铜脸成功，带了不少朋友一起来拿铜脸。进了大师的工作室，大家一下子都愣了：绝对逼真！明星的铜脸看上去像烈士头塑，却没有烈士气质，明星味也全没了，四不像！她爷爷的铜脸竟比伟人的脸还令人震惊，那褶皱与苍苦竟合成了异乎寻常的伟人气派，金光闪闪，带上了人之图腾意味，永恒的，壮丽的，震撼的，神圣的，凌驾于灵肉之上的极致境界！

明星小姐终有所悟，红着脸对大师说：“我知道了，真正的美是在沧桑之后……”

一群尚带稚气的眼睛看着大师。大师微笑不语。还有许多道理，只能让他们慢慢去悟，是不宜说出口的。

是的，有的人是不宜打铜脸的，留脸于世只有用其他方式——纸式、泥式、木式……反正不能是金银铜铁。

事情传开，人们明白了，并不是大师眼中只有伟人，而是伟人的脸确实适合打；也不是只有伟人的脸可以打，山中老人的脸就打出来了，和伟人的一样震撼人心。

人有两种：一种在烟花尘世的繁华中张扬而逝，一种在锤凿剪锉的敲打中塑为永恒；一种是皮肉，一种是灵魂。

不完美的独特

〔法〕查理·巴登霍普　刘鹏　朱一童编译

你是否花时间为“自己的进步”而忙碌、忧虑？如果是这样，可要注意，不要为了大量制造“完美”而扼杀了自己的个性。

最近有一天下午，我走进东京郊外的一家陶器店，碰巧遇见一个制陶工停下手里的活儿，在检查产品质量。

我在店里转了转，然后请出店主，和她攀谈起来。店主告诉我的第一件事是，制陶工根本无法预料窑里的陶器烧出来是什么样。她说，每次开窑的感觉有点儿像圣诞节的早晨：有时候能收获很多精美的礼物；有时候天气条件的剧烈变化导致窑内多数陶器爆裂，因此只能收获一窑炉灰。烧制陶器的迷人之处就在于无法预料结果，又会有意外的惊喜。店主说：“制陶店会让人保持谦恭，学会顺从并接受未知事物。”

接下来，她给我讲了陶器的设计和功能。对很多制陶工来说，主题很重要。她说：“好看不好用的陶器没有意义，好用不好看的陶器也没有意义。”

我决定要买，于是挑选出六件陶器，摆上柜台，请店主逐一点评。她说：“陶器上总会留有无法避免的瑕疵。我通过你感兴趣的几件陶器，谈谈自己的看法。

“请看第一件，釉料厚度内外不均匀。我尝试用各种办法进行抛光，可惜釉料太硬了，效果不理想。

“然而，正是釉料的不均匀，使得这件陶器极富情趣，色彩层次富于变化。

“接下来，这只碗形状并不圆润。我身材瘦小，在旋盘上做这么大的陶坯可不是件容易事。其实这是我目前能做的最大的陶器。我喜欢做一些这种规格的陶器，这些碗可以测出我到底能做多大的陶器。制作过程中碗变得不圆润会让我紧张，这正是这件陶器吸引我的地方。

“最后，你会发现第三件陶器要比前两件便宜得多。

“这件陶器做工精美，可是我觉得有点儿‘太完美了’，看上去像是机器做出来的。因此价格便宜很多。

“这把壶造型圆润，无可挑剔，釉料遍布整个壶身，却因此失去了与众不同的独特之处。我太熟悉这种壶的做法了，所以已经不再制作这种形状和规格的陶器。这些壶完美无缺地摆在面前，会让人觉得壶的灵魂已经丢在了窑里。”

你是主角，你很重要

马俏

商学院的两年，可以说我受到了一生中最好的教育。在全美排名前三名的弗吉尼亚大学部的商学院，让我见识到了很多位美国最优秀的商学教育家的翩翩风采。许多课的内容，都可以通过自学完成，唯独表达写作课，如果没有汉弥敦教授的精心栽培，我可能一生都无法领略到商务礼仪、表达和写作的要领。

一生中握得最好的一次手

第一次上表达写作课，汉弥敦教授的登场就让我们眼前一亮。在其他教授熙熙攘攘的黑色西装中，汉弥敦教授紫色的套装让人耳目一新。

“大家好，谁能说出我们这一门课的名字？”“写作课。”前座的男生不假思索地回答。汉弥敦教授爽朗地笑了起来，说："错了，这是表达课，我们每个人，特别是在商界，每时每刻都在表达自己。这种表达，从你看别人的第一眼开始，从第一次握手开始。"她指着前座穿着红色吊带的我，说："这位穿红衣服的女生，说说握手的几个要素。"我歪着脑袋想起自己以前被那么多的市长、校长接见时握手的情景，微笑着说："有力，目光直接接触。"汉弥敦教授颔首赞同，我忽地想起有一次跟一位手汗过多的领导握手时的尴尬和不适，大声补充道："还有别忘了擦手心里的汗。"同学们大笑，汉弥敦爽朗地大笑拍手道："那就请你上来做个示范。"

我呵呵笑着，大大方方地走上去，如卫兵一般站得笔直，向教授伸出手去。教授的手柔软滑腻，稳稳地握住我的手之后，手指并拢，给了我一个短暂却有力的一握，那恰到好处的一握，轻一分便显得轻浮无力，重一分则会将我的手握痛，仿佛教授用她的手，给了我一个优雅的拥抱。教授柔中带刚的个性，职业女性高贵又平和的气质，竟然就在这次握手中那么自然地流露。这是我一生中握得最好的一次手。

教授告诉我们，有力的握手加上直接却不带侵略性的目光对视，可以有效地引起对方的注意，表达了我们对别人的尊重和重视。大多的公司经理每天握手不下百次，有力的握手加上得体的问候是良好的第一印象的基础。

那一天，教授耐心地跟全班学生一一握手，微笑着纠正大家握手的错误，又让大家互相握手练习。十五分钟的训练，全班二十多个学生都学会了握手。那个时候我们还茫然无知，教授已经为我们打造了一张无形的名片。

不合格的作业

大概是因为那第一次握手课的小小插曲吧，汉弥敦教授对我特别关注，经常赞赏有加。汉弥敦教授对商务英语写作要求非常严格，所有结构松散的文章必定被她毫不留情地杀于马下。而我却有一次不幸地撞到了枪口上。

依然记得那是一个平常的小组作业，我们需要写一篇关于一个当地的工厂因为业务不景气而被迫裁员的报告。全班同学来到工厂，听到厂方代表激情澎湃却又冷酷无比的演说，看见工人们脸上那种茫然无助的神情，这种情景对我们这些不当家不知柴米贵的大学生是一种很大的震撼。那天回来后，情绪和灵感结合，喷涌而出，我不知不觉中竟洋洋洒洒地写了几大页。

第二天上课的时候，我的作业被教授用幻灯片打了出来，上面密密麻麻写的全是批语，教授的开场白是："我终于找到了商务写作的标准反面教材。"整整半个小时，全班同学目睹了我可怜的作品如何被教授逐字逐句地修改，优美的文学用语全部摇身变成了严谨、整齐的中性商务英语。我极其痛心地看着自己的文章遭到如此无情的鞭挞，心情灰暗到极点。

最后，教授说："这样的作业，违背了我布置作业的初衷，应该得不合格。"我的头低了下去，心想我亲爱的教授您适可而止吧，再这样下去我就更无地自容了。教授当然没听到我的心声，继续自顾自地讲道："可是，这是我很久以来见过的最真挚感人的故事。作为文学爱好者，我实在没有办法判这篇文章不及格。作为商者，文章应该没有个人情感色彩，但是我们不应该是铁石心肠的。就为了这份悲天悯人的心地，我还是决定给这份作业一个‘良’。”

过了两天，学校的报纸上登出了我的文章，下面有一行小小的批注：“商学院，汉弥敦教授推荐。”

你是主角，你很重要

除了写作，汉弥敦教授最看重的莫过于公众演讲了。每次课堂上的辩论和演讲，她都会带来一个小小的录像机将我们的演讲一一录下，在班上重新播放，将每一个细节都不厌其烦地评论、比较。有时间的话，她还会将我们单独地叫去，在她宽敞、整洁的办公室里反复地播放我们演讲时的录像，对我们的词汇、音调、音量、站姿一一评价。

演讲如期而至，这是整所商学院学生们一年中最紧张的日子。我们整个小组的人，整宿无眠。我作为主讲，台词最多，因此也最为耗时。我的心中反反复复叨念的是汉弥敦教授那演讲的口诀：“总起分述，三十秒之内打动人心；声音响亮；勇敢地直接目光接触。”

第二天，当我们组的五个患难与共的兄弟姐妹站在讲台上的时候，整齐的清一色黑色西装，女生红色衬衫，男生红色领带，照亮了众人的眼睛。我的目光和教室后座的汉弥敦教授的目光交会，她湛蓝的眼睛里充满了笑意，优雅地抬起手来，不为人注意地向下水平压了一下，然后直直地竖起来。我心领神会，教授的意思是声音压低，身体挺直。我上前一步，张开双臂示意大家安静，用我最自信的声音开始了演讲。同学们的眼中流露出惊讶的神色，因为在这讲台上，四个高大的金发碧眼的美国人谦恭地站在后面，身材娇小的东方女孩儿身体笔直，站在前面毫无惧色，满面笑容地将组内成员一一介绍。

那一天，我永远不会忘记。美国最大的能源公司的高级总裁在我们面前正襟危坐，神情严肃。我们披星戴月几易其稿的心血结晶，正被这些行业内最优秀也是最吹毛求疵的经理们细细评价。而我的心里竟然完全没有紧张，耳边响起的只有汉弥敦教授动人的声音：“你主导听众，你是主角，你很重要。”

当我讲到公司旗下的一大部分居民楼现在无人问津应该转为办公楼的时候，一位公司总裁竟然粗鲁地打断了我的演讲，说：“居民楼的住客数目是我们公司的商业秘密，从来没有向你们提供，有什么依据说这些居民楼无人问津？”现场的空气顿时凝结，我不慌不忙地回答道：“我们连续一个星期在深夜路过贵公司旗下房地产区，居民楼前的停车场从来都是空荡荡的。虽然具体的数目不清楚，但绝对不是人满为患的兴旺局面。”提问的总裁竟然一时语塞，其他总裁的眼中流露出赞许的目光。

演讲结束的那一刻，标志着我那难忘的商学院的第一年终于告一段落。我们亲爱的教授，给我们每个人写了一段话。打开我的小纸条，我们教授的刚劲的笔迹跃入眼帘：“你给我们所有人很多的惊喜。你打破了所有对亚洲女学生们的陈词滥调和偏见，谢谢你。”

在我的脑海中，永远有这么一幅画面。那个春天，我们的眼睛总会在上课的时候不知不觉地瞟到窗外去，粉红的樱花在明媚的阳光下充满了诱惑。善解人意的汉弥敦教授就会把我们带到商学院外的草丛中，师生们以大地为席，侃侃而谈。五个小时的课程就这样不留痕迹地在鸟语花香中流逝。很久很久以后，那个春暖花开的季节里，汉弥敦教授笔直的身影和优雅的微笑，依然历历在目。每次我站在人群中，拿着演讲稿的时候，耳边总会响起她动人的声音：“你主导听众，你是主角，你很重要。”

你是家养的还是野生的?

刘戈

在内蒙古锡林郭勒的一个草原度假村，我看到两匹草原狼——当然是养在笼子里的。这里距离《狼图腾》中所描写的乌珠穆沁草原并不远，同属于典型的草地草原。也就是说，这里的两匹狼和《狼图腾》中描写的狼同宗同族，同样凶残，同样有战斗力。

看管它们的一个蒙古族老人给我讲了这两匹狼的故事：这两匹狼是两年前被捉来的，关在笼子里。一个小伙子多事，把一条在度假村看家护院的狗也关进了笼子里，想看看笑话。因为有主人撑腰，体形比狼还大的看门狗进了笼子后显得很是威武，对两匹狼拳脚相加，又咬又啃。狼显得窝囊，只是躲躲闪闪的，不敢反抗。

看客们散去，狗被忘在了笼子里。第二天，当小伙子再去看笼子的时候，想起了他的狗，但笼子里只有两匹狼！笼子是完整的，锁完好地挂在那里，除了满地的血迹，看不到狗的任何痕迹——可怜的狗，已经成为两匹草原狼的腹中餐，连一块骨头都没剩。这个故事让我的脊背发凉，不知道当人们散去的时候，狗是否感到了恐惧。

这就是家养和野生的区别。

被豢养着真好啊，有定时定量的吃喝，有可以遮风挡雨的笼子住，有主人的宠爱，还可以向看客展露一下威武的身姿。但可悲的是，它们面对的不仅仅是自由的丧失，还有野性和生存能力的退化。

而喜欢被豢养却是我们的本能。求职的时候，大部分人会尽量选择声望高、实力强、福利待遇好的机构。和动物不同的是，人类在大多数情况下会按照经济学的原理来权衡利弊，这被称作理性。在现代社会，我们在理性的指导下生存，所以我们要找到让我们感到足够安全的雇主。这样，进入某种形式的牢笼就成了大多数人不可避免的选择。

那么我们还可以做什么呢？就是尽量保持身上的野性，尽量延缓生存能力的退化，甚至有时候要有意识地给自己寻找一种野生状态。

在找到一份令人艳羡的好工作以后，我们会突然发现，原来自己很牛啊。我们会把自己所在的机构的地位和影响力当作自己的能力，会把职位赋予自己的权力当作自己的能力。然而，在一家行业里数一数二的公司工作，轻易地签下一个大单不是你的能力；在一个著名的新闻机构里工作，采访到一位要害人物，也不是你的能力——在和外界交往的过程中，你受到的热情款待、对你的肉麻恭维，其实都来自于你所在的机构和你的职位。

在办公室，经常会碰到一个形迹可疑的人摸了进来，向大家推销某一牌子的蚕丝被或者哪里产的茶叶。每到这个时候，我都在想，自己能不能像他们那样做得那么从容而得体。

你可以认真回忆一下，在你进入一家著名机构之后的岁月里，无论是在工作中还是生活中，当对方不知道你的真正身份的时候，你办成过几件事？或者你是不是在和所有陌生人打交道的时候，头几句话就一定要把自己所在的机构和自己的职务搬出来，否则你就不可能办成任何事情？

很多人是因为足够优秀而不是足够有能力才被招到著名机构的麾下。所谓优秀，是指在所受的教育、综合素质、智商、相貌、家庭背景等方面优于他人。而要把优秀变成能力，还要加上不怕挫折的性格、强烈的成就动机、对人情世故的把握和对眼前这份工作的热爱。很多在著名机构工作的人，始终没有机会和愿望完成从足够优秀到足够有能力的转化，他的职业生涯基本就是一个野性和能力退化的过程。

一位著名外企的人力资源总监曾经向我透露过这样一个小秘密：每年，他都要偷偷地去一些民营企业应聘，看看还有没有人要自己，可以把自己卖一个什么价钱。当老板们和他有过一次长谈，许以更高的职位和薪水力邀他加盟之后，他便哼着小曲凯旋——他知道，自己依然保持着野生的状态，是可以卖得上价钱的。如果有兴趣，你也可以试一试，通常那些民营公司的人力资源总监和老板个个火眼金睛，他们对你的评估比你自己对自己的判断准确得多。

当你供职的机构又一次洗牌到来的时候，当你听到了裁员的风声在员工中悄悄传播的时候，你依然泰然自若——恭喜你，你依然保持着野生的状态。一位经济学家说过这么一句话，我读到的时候马上记在了小本子上：真正的自信，不是面对困难有着必胜的勇气，而是在任何时候都从容得不惧失去。

一定要有自己的房子吗？

宋黎鹃

也许我们都是女作家六六笔下的海萍和苏淳：无论生活在哪个都市，为了拥有一个属于自己的“蜗居”而成为“新奴隶”。人必须拥有自己的房子这一信念，支持着我们为银行和开发商打工——这个期限可能是10年、20年甚至30年。在房子的买与不买之间，难道我们只有这一个选择？

新房客与新奴隶

《蜗居》热播的时候，名模林菀已经和父母在北京富力城后面的合生国际花园租住了3个月。一套130平方米的精装房，三室两厅，月租金 6500 元。这个在国内外漂泊生活的姑娘刚到北京不久，她是个孝顺的姑娘，总是带着父母一起漂，在哪里都是租房住。现在，她的工作重心主要是在北京和韩国首尔。下一站是哪里？也许是上海，也许是国外。“我不准备买房子。租房子让我更自由，可以根据自己生活和工作的变化，选择地段，选择房子。”林菀说，“并不是永远不买房，可能在未来，会在澳大利亚的一个小镇上买一所房子给父母，我则继续满世界漂。”

《蜗居》中，小白领海萍为了拥有一套自己的房子而“奋身为奴”。“别人的生活我不知道，而我呢？每天一睁开眼，就有一串数字蹦出脑海，房贷 6000，吃穿用 2500，冉冉上幼儿园 1500，人情往来 600，交通费 580，物业管理费 340，话费 250，还有煤气水电费 200。也就是说，从我醒来的第一个呼吸起，我每天要至少进账 400，这就是我活在这个城市的成本。这些数字逼得我一天都不敢懈怠，根本来不及细想未来 10 年。我哪有什么未来，我的未来就在当下，在眼前。”海萍对妹妹海藻说。

林菀，是如今这个时代中越来越多的新房客代表；海萍，则是数千万甚至上亿中国“新奴隶”的形象代言人——虽然她是虚构的，但又何其真实！每个房奴都从她身上看到了自己。租或买，是两种不同的选择，是两种不同的生活方式，更是两种不同的价值观在当下的碰撞。

租的房子不是家吗？

正方：自己的房子才等于家。

女记者汪凌认为，自己的房子等于家。在租来的房子里生活，就没有家的感觉。她在北京一直租房住，平均一年搬一次家。“虽然房子的质量还不错，但房子是房东的，我从没有‘这就是我的家’的感觉。”汪凌说，“墙不是我的，我不会挂上从云南淘回来的印着东巴文的大红布；空间不是我的，我留不住四季的转换，也留不住闲适读书的某个下午。颜色、味道、声音、时间、回忆、画面……什么都没有！”4年的房客生活，竟然都像碎片，无法拼接完整，像风一样被吹散了。

搬家太辛苦了！每搬一次家，汪凌就在心中对自己说：“我一定要买自己的房子！”在房价一点点抬头的2009年年中，她终于咬牙出手，在北京东四环的华侨城买了一套100多平方米的房子，首付30万元，贷款120万元。她说：“只要想到那个写着我是户主的产权证，我就很有安全感。”

反方：家并不只是一个房子。

现居上海卢湾区、33岁的证券分析师苗力（化名），是城市游牧者，曾在海口、深圳、北京、大连等城市漂过，这么多年闯荡股市，苗力一年光吃利息就抵得上一个外企公司部门经理的年薪，身家足够买房了，他却从未动过买房的念头，迄今为止没有一处自有房产。现在他和老婆租着两室两厅的房子。对于那些倾血本买房的房奴们，苗力毫不同情，他用有些粗鲁的话评价道：“买房子的人纯粹是傻瓜，他们太狭隘地理解家就等于一座房子。”

“干吗一定要有自己的房子？很多时候，它影响的是自由。”苗力说，“我是一个天马行空的人，将来可能移民到国外，移动时代的人，家是常驻在自己心里的。我绝不买房。”

他还分析了房奴无法面对的现实困境，说：“一旦意外发生，断供了，你的房子就属于银行了，你会被扫地出门，而且银行会无限期地追索这笔债务。”

心理咨询师宫学萍认为：“我质疑房子的实际需要。看看我们的生活，我们不断地把自己的欲望与安全感联结。在我看来，70 年产权的房子其实和租来的房子没有太大的区别，这种不动产权没有意义。所有的安全感其实都是虚妄的。”

生命教练王智则认为，一定要有自己的房子这一观念，是农业文化遗留给我们的集体意识。“所谓贵族，就是有土地、房产、家业、奴仆等这些外在的有形的东西，这些农业时代物化的思想传承到今天，导致我们绝大多数的人都认为，有家产，有房子，有很多外在的东西，越多就越成功、越幸福。”王智认为，房子只是一个生活的工具，不是生活的方向，不是生活的目标，也不是一个证明。

是被动的人生吗?

这是一个移动的时代，不动的房子会限制我们的移动能力吗？房奴的身份会使我们的整个人生被动吗？

正方：我是自由的和流动的，房子是可以流通变现的。不会影响我的自由。

“认为房子是限制的人，可能是借口吧。”金晖说，“即使是按揭的房子，也可以去交易，关键在于你先从心里限制了自己。”金晖是吉林人，在长春有房产，又到深圳工作了 3 年，在深圳贷款买了一套房子后，又因工作需要去了上海，现在，又从上海回到了深圳。有时候租房，有时候住自己的房子。他说：“人可以追逐着自己的理想去生活，一般不会受到房子的限制。”

反方：一套房子，确实影响了我的生活状态和我的选择，被动多了。

苗力说，他的好几位哥们儿，都在深圳买了房，全给窝那儿动不了。IT 工程师李晓强在结婚前买了房，付了 40 万元的首付款，他并未感觉轻松，反倒抽了一口凉气，他一下子意识到：自己已经被巨额债务绑架了，整个人生没有了弹性。就像盲人歌手周云蓬的那首《买房子》所唱的：

“买了一套房子，花了 30 多万，买房子的钱，全靠银行贷款。从今天以后，不能随便请吃饭了，不能多喝酒，不能去旅游。从今以后，我要努力工作，我要拼命地还钱……”

精神科心理治疗师姬雪松认为：“对于一些人来说，不动的房子确实是个限制。这可能是真的，但我认为它更可能是一个防御性的理由，就是认为是房子不让自己动的，是房子剥夺了自己的机会。这个限制，我认为——它完全取决于我们内心的需要，你认为有限制，它就有；你认为没有，它就没有。其实，房子作为资产存在的一种形式，在今天是可以移动、流通和变现的。老话说，房子是死的，人是活的。现在，房子是活的，人也是活的，人是可以离开房子，到处自由地行走的。”

两个人在一起就一定要有自己的房吗？

赵玫与林浩结婚的时候，他们住在宿舍里，只有一张床垫；当他们的儿子两岁的时候，赵玫明确地向丈夫提出："我们贷款买房吧！我想要我们自己的房子。"名校管理系硕士毕业的丈夫于是跟她算了一笔经济学家算过的账，他试图说服赵玫："咱们可以一辈子租房住。"赵玫对林浩的态度极其愤怒，她质问道："你为什么是这样一个男人？你为什么不考虑我们整个家庭的未来？你怎么就不理解我多么需要安全感？你想让我到老都住在别人的屋檐下？"她对林浩绝望了，对于未来，也产生了巨大的不安全感、恐惧感，他们俩的关系也从此陷入了难以复合的地步。

在问卷调查中，我们针对女性设计了一道多选题：没房的男人请从我身边滚开！您的态度是——

8.67%的人选择：我的态度是一样的。不是势利，而是房子对于我们的幸福太重要。

25.22%的人选择：这态度太绝对了。两个人一起奋斗、一起付首付、一起月供，虽然辛苦，也是可以的。

11.92%的人选择：我主动爱上的男人可以没房，但若是相亲什么的，房子是必须有的。

8.43%的人选择：一个男人没钱买房，不能要；一个男人有钱却不愿意给你买房，也不能要。

18.8%的人选择：我可以和没房但优秀的男人租房，但无论如何还是需要奋斗到一套自己的房子。

13.95%的人选择：不认为房子和安全感以及家有必然联系。没房的男人只要优秀，有爱，可以租房。

2.51%的人选择：我现在和他就没有房子，说实话，我们的关系确实因此有阴影和不确定性。

9.65%的人选择：一个男人有房子是吸引力之一。

0.85%的人选择：其他。

针对男人，我们也设计了一道多选题：您曾经感受到女人对房子的渴求带给您的压力吗？——

15.62%的人选择：她，还有丈母娘，都特别关心我能不能拿出婚房来！真希望我就是开发商！

48.82%的人选择：不管结不结婚，男人奋斗出自己的房子、车子是理所应当的。

6.25%的人选择：我懂得一点儿经济学常识，一辈子租房住经济上更划算，可她非要有自己的房子。

4.29%的人选择：因为眼下没房，短期内没有暴富的机会买房，女友（或是老婆）跑路了。

11.32%的人选择：我有能力买房，可凡是问我有没有房子的女人，我都不要！

13.70%的人选择：其他。

从某种程度上说，“丈母娘和未婚女青年推动了房价上涨”这句戏谑的话，说出了一点点道理。我们可以感受得到，对自有产权房的需求，女人似乎更强烈——这和人类学的功能有关：女人负责生育，传播生命，对家对房子的诉求，是出于对后代的安全性考虑，这更利于后代的成长。令女人们稍稍欣慰的是，48.82%的男人选择了“不管结不结婚，男人奋斗出自己的房子、车子是理所应当的”。

方法：让空间里充满你的历史、个性和未来

不管租或买，房子成为一个家，还需要在它的时间和空间里填充每个人个性化的内容，充满你的历史，满足你的人文诉求，这样，它就从房子成为契合你的家。“我们都在无意识地复制童年时代那个‘家’的方方面面。”美国加州大学伯克利分校建筑学教授克莱尔·库珀·马库斯通过研究证明，最幸福的是被这些物品所环绕：我们对过去的家的记忆，与我们所爱、与爱我们的人的亲密联结，以及你旅游时从各地淘到的纪念品。

租来的房子往往会受限制，但心理咨询师官学萍建议，你可以与房东谈判，获得对租住空间的局部修改权利。比如你可以不动建筑的结构，但可以改变房间的格局、墙体的色彩，也可以在墙上钉钉子挂你喜欢的画或是饰物。这样，你就可以展开你的自我空间建设之旅。